"十四五"职业教育国家规划教材

智能制造·数控技术专业系列教材

数控机床编程与操作教程

顾其俊 叶 俊 编著

电子工业出版社·

Publishing House of Electronics Industry

北京·BEIJING

内 容 简 介

本书根据教育部等部委实施"职业院校数控技术应用专业领域紧缺人才培养工程"中对数控技术应用技能型人才紧缺的培养指导方案而编写,并参照了企业中数控机床的实际操作流程。本书主要介绍 FANUC 0i-TF、FANUC 0i-MD 和 SIEMENS-802D 数控系统的控制面板操作、机床对刀操作,以及这三种系统的常用编程指令、典型零件的加工编程过程。本书突出之处是控制面板和对刀操作的直观性与可操作性、指令介绍的系统性和例题的代表性,力求做到书中内容与实际机床操作完整结合。

本书可作为高等职业院校和中等职业院校数控技术等相关专业数控机床编程及加工操作实训的指导教材,也可作为各类数控培训机构的培训教材,还可供从事数控机床操作工作的人员参考。

图书在版编目(CIP)数据

数控机床编程与操作教程 / 顾其俊,叶俊编著 . —北京:电子工业出版社,2020.4

ISBN 978-7-121-37958-1

Ⅰ.①数… Ⅱ.①顾… ②叶… Ⅲ.①数控机床 – 程序设计 – 高等学校 – 教材 ②数控机床 – 操作 – 高等学校 – 教材 Ⅳ.① TG659

中国版本图书馆 CIP 数据核字(2019)第 253267 号

责任编辑:章海涛
文字编辑:张 鑫
印　　刷:北京天宇星印刷厂
装　　订:北京天宇星印刷厂
出版发行:电子工业出版社
　　　　　北京市海淀区万寿路 173 信箱　邮编:100036
开　　本:787×1092　1/16　　印张:17　　字数:436 千字
版　　次:2020 年 4 月第 1 版
印　　次:2025 年 1 月第 10 次印刷
定　　价:58.00 元

前言
INTRODUCTION

中国制造 2025 的宗旨是将我国从制造业大国变成制造业强国，使我国成为制造业强国离不开数控机床的普及。目前企业急需掌握数控机床应用技术的大批人员，虽然其中有一些由生产工人中的骨干经过数控技术培训后上岗，但其主要来源还是高等职业院校和中等职业院校。随着教育部等部委实施"职业院校数控技术应用专业领域紧缺人才培养工程"，多数高等职业院校和中等职业院校都购买了大量的数控机床，加大了数控机床操作技能方面的学生培养。

本书秉承"职业院校数控技术应用专业领域紧缺人才培养工程"中的精神，详细介绍数控机床控制面板及对刀操作，帮助院校零基础学生和刚进入企业从事数控机床加工的初级工人迅速掌握数控机床的使用方法；读者通过认真学习本书，跟随书中的操作流程与思路，即可系统掌握数控机床的编程与操作方法。

本书是数控机床的入门教材，在内容上，尤其在数控机床控制系统操作介绍方面，直接采用了大量与机床屏幕显示一一对应的直观的图片，简单易学；在数控系统种类介绍方面，主要采用了目前国内高等职业院校和中等职业院校及大多数企业常用的 FANUC 数控系统和 SIEMENS 数控系统。本书在详细介绍控制面板及对刀操作的同时，还全面介绍了常用理论编程指令，对编程指令做到各指令代码介绍详细明了，关键点、难点突出且例题充分。同时，为了方便院校学生和企业初学人员学习，本书配有两章编程加工练习题供练习使用。

本书由获得"国家高水平学校建设单位"称号的浙江机电职业技术学院从事数控机床理论和实践教学已有二十多年丰富经验的顾其俊（浙江省技术能手）和叶俊（全国技术能手）共同编写。赵炎萍负责对本书图片进行整理和校对。

本书在编写时，参考了发那科公司和西门子公司数控系统操作和编程说明书，在此表示衷心感谢。

本书可作为高等职业院校和中等职业院校数控技术等相关专业数控机床编程及加工操作实训的指导教材，也可作为各类数控培训机构的培训教材，还可供从事数控机床操作工作的人员参考。

在编写本书时，虽力求完善并反复校对，但因编者水平有限，加之编写时间稍显仓促，书中难免存在不足和疏漏之处，敬请广大读者批评指正。

编者电子邮箱为 877585301@qq.com。

编　者

2020 年 1 月

目　录
CONTENTS

第一篇　数控车削加工

第二篇　数控铣削加工

第 4 章 SIEMENS–802D 系统数控铣床操作与编程 187

第 5 章 数控铣床（加工中心）加工练习题 246

附录 A 不同数控机床的控制面板 255

党的二十大报告指出："培养造就大批德才兼备的高素质人才，是国家和民族长远发展大计。功以才成，业由才广。坚持党管人才原则，坚持尊重劳动、尊重知识、尊重人才、尊重创造，实施更加积极、更加开放、更加有效的人才政策，引导广大人才爱党报国、敬业奉献、服务人民。"

第一篇

数控车削加工

车削加工是机械加工中应用最为广泛的方法之一，主要用于回转体零件的加工。数控车床的加工工艺类型主要包括：钻中心孔、车外圆、车端面、钻孔、镗孔、铰孔、切槽车螺纹、滚花、车锥面、车成形面和攻螺纹。此外，借助于标准夹具（如四爪单动卡盘）或专用夹具，在数控车床上还可完成非回转体零件的回转表面加工。

根据被加工零件的类型及尺寸不同，车削加工所用的数控车床有卧式、立式、仿形和仪表等多种类型。按被加工表面不同，所用的车刀也有外圆车刀、端面车刀、镗孔刀、螺纹车刀和切断刀等类型。此外，恰当地选择和使用夹具，不仅可以可靠地保证加工质量，提高生产效率，还可以有效地拓展车削加工的工艺范围。数控车削加工部分主要介绍以 FANUC 0i-TF 为控制系统的数控车床。

1

第1章

FANUC 0i-TF 系统
数控车床操作与编程

本章主要以 KDCL15 数控车床为例，如图 1-1
所示，其控制系统为目前工业企业和学校常用的
FANUC 0i-TF 系统。

图 1-1　KDCL15 数控车床

1.1.1　主要技术参数

数控车床主要技术参数如表 1-1 所示。

表 1-1　数控车床主要技术参数

机床身上最大工件回转直径	410mm（16″）
刀架最大工件回转直径	ϕ230mm
纵向最大行程（Z 轴）	750mm
横向最大行程（X 轴）	230mm
主轴通孔直径	ϕ52mm
主轴转速范围（无级）	100 ～ 5000rpm
快速进给（X、Z 轴）	16m/min（伺服）
刀架	八工位
最小移动单位（X 轴 /Z 轴）	0.001mm（伺服）
重复定位精度	0.0075/0.01mm
加工零件的圆度	0.003mm
加工零件的粗糙度	0.8 ～ 1.6μm

1.1.2　数控车床打开电源的常规操作步骤

（1）检查数控车床的外观是否正常，如电气柜的门是否关好等。

（2）开机（按车床通电顺序通电，先强电再弱电）。

①打开场地主控电源。

②将车床总电气柜上的旋钮开关旋至"ON"位置，机床总电源打开。

③开启系统电源开关，按控制面板上的电源启动按钮"ON"。

④以顺时针方向转动急停按钮，将紧急停止开关释放，显示器上出现车床的初始位置坐标。

（3）打开气压阀，检查安装在车床上的总压力表压力显示是否正常。

（4）检查位置屏幕是否显示异常，如有错误，会显示相关的报警信息。

 在显示初始位置坐标屏幕或报警屏幕前，不要操作系统，因为有些按钮可能有特殊用途，如被按下可能会出现意想不到的结果。

（5）检查电机风扇是否旋转。

通电后的屏幕显示多为硬件配置信息，这些信息有时会对诊断硬件错误或安装错误有帮助。

1.1.3 FANUC 0i-TF 操作控制面板

1. CRT/MDI 控制面板

CRT（Cathode Ray Tube）是指阴极射线管，是应用较为广泛的一种显示技术。

MDI（Manual Data Input）是指"手动数据输入"。

FANUC 0i-TF 系统的 CRT/MDI 控制面板如图 1-2 所示。

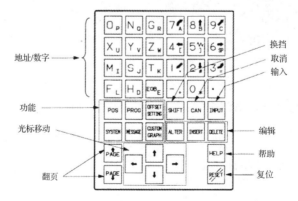

图 1-2　CRT/MDI 控制面板

图 1-2 中，上图为 FANUC 0i-TF 系统的 CRT/MDI 控制面板，下图为 CRT/MDI 控制面板右侧各按钮的功能区划分，各按钮具体介绍如下。

屏幕下面有 5 个按钮 ▢ 可以选择对应子菜单的功能，还有两个菜单扩展按钮 ◀ 、 ▶ 可以在菜单长度超过按钮数时使用，按菜单扩展按钮后可以显示更多的菜单项目。

（1）复位（RESET）：按此按钮使 CNC 复位，用以消除报警等。

（2）帮助（HELP）：按此按钮显示如何操作车床（帮助功能）。

（3）地址和数字（N Q、1）：按这些按钮可输入字母、数字及其他字符。

（4）换挡（SHIFT）：有些按钮有 2 个字符。按 SHIFT 按钮可选择字符，当一个特殊字符 "＾" 在屏幕上显示时，表示可以输入按钮右下角的字符。

（5）输入（INPUT）：当按地址按钮或数字按钮后，数据被输入缓存区，并在 CRT 屏幕上显示出来。为了将输入缓存区中的数据复制到寄存器，可按 INPUT 按钮。

（6）取消（CAN）：按此按钮删除已输入缓存区的最后一个字符或符号。当显示输入缓存区数据为＞X100Z_ 时，按 "CAN" 按钮，则字符 Z 被取消，即显示＞X100。

（7）程序编辑：当编辑程序时按这些按钮。

ALTER（替换）：用输入在缓存区的字符替换光标所在位置的字符。

INSERT（插入）：将输入在缓存区的字符插入光标后面。

DELETE（删除）：删除光标目前所在位置的字符。

（8）功能：按这些按钮切换各个功能显示画面。

① POS：显示位置画面。

连续按该按钮会出现 3 个画面切换，绝对坐标画面如图 1-3 所示，相对坐标画面如图 1-4 所示，综合位置画面如图 1-5 所示。其中：

绝对坐标显示刀具在工件坐标系中的位置；

相对坐标值可以由操作复位为零，这样可以方便地建立工件坐标系；

机械坐标显示工件在机床中的位置。

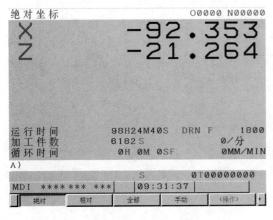

图 1-3　绝对坐标画面

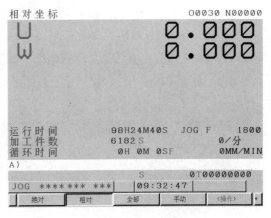

图 1-4　相对坐标画面

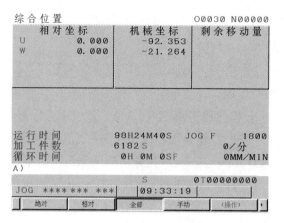

图 1-5　综合位置画面

② PROG：显示程序画面。

连续按该按钮会出现 2 个画面切换，所有程序目录画面如图 1-6 所示，单个程序内容画面如图 1-7 所示。

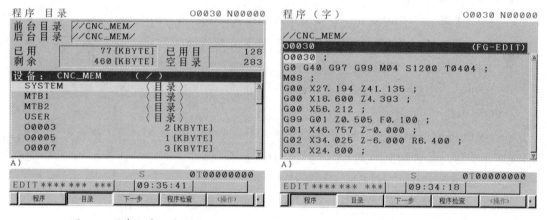

图 1-6　所有程序目录画面　　　　　　　图 1-7　单个程序内容画面

③ OFFSET SETTING：显示刀偏 / 设定画面。

按"OFFSET SETTING"按钮进入系统设定画面，如图 1-8 所示。按"刀偏"软件按钮，如图 1-9 所示；进入刀具偏置 / 形状画面，如图 1-10 所示；按"磨损"软件按钮进入刀具偏置 / 磨损画面，如图 1-11 所示。按"工件坐标系"软件按钮，如图 1-12 所示；进入工件坐标系画面，如图 1-13 所示。

④ SYSTEM：显示系统参数画面。

按"SYSTEM"按钮可进入参数画面，如图 1-14 所示；再按"诊断"软件按钮可进入诊断画面，如图 1-15 所示；按"系统"软件按钮可进入系统配置 / 硬件画面，如图 1-16 所示。

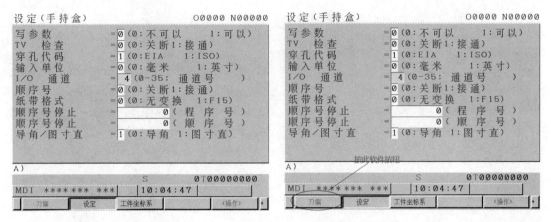

图 1-8　系统设定画面　　　　　　　　　　　图 1-9　刀偏

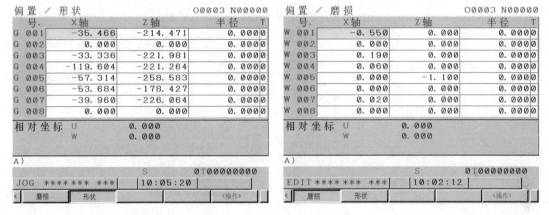

图 1-10　刀具偏置／形状画面　　　　　　图 1-11　刀具偏置／磨损画面

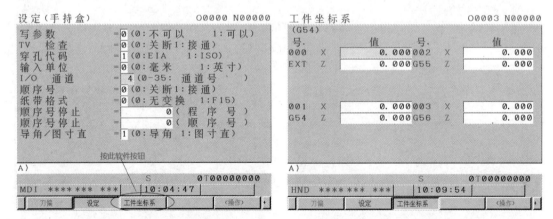

图 1-12　工件坐标系　　　　　　　　　　图 1-13　工件坐标系画面

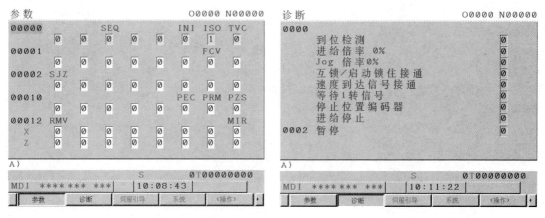

图 1-14 参数画面   图 1-15 诊断画面

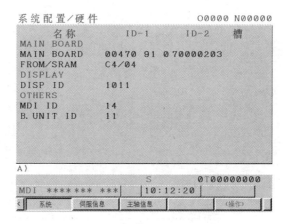

图 1-16 系统配置/硬件画面

⑤ MESSAGE：显示信息画面。

按 "MESSAGE" 按钮可进入报警信息画面，在加工及操作时，一旦出现错误该画面就自动跳出，如图 1-17 所示；按 "履历" 软件按钮将进入报警履历画面，如图 1-18 所示。

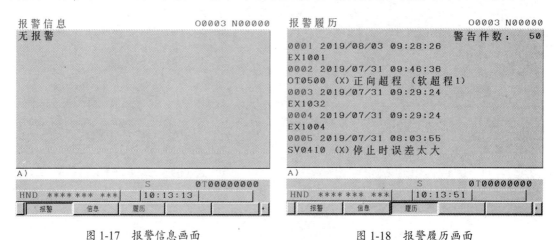

图 1-17 报警信息画面   图 1-18 报警履历画面

⑥ CUSTOM GRAPH：显示图形画面。

按"CUSTOM GRAPH"按钮进入刀路图形参数画面，如图 1-19 所示。按 ^{PAGE}↓ 按钮显示下一页画面，如图 1-20 所示。按"图形"软件按钮进入刀具路径图画面，如图 1-21 所示；此时按"操作"软件按钮，如图 1-22 所示，进入刀具路径图相关参数设置画面，如图 1-23 所示。

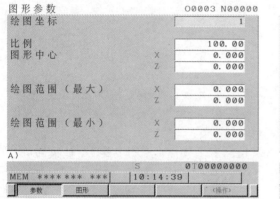

图 1-19　图形参数画面 1

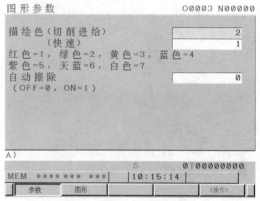

图 1-20　图形参数画面 2

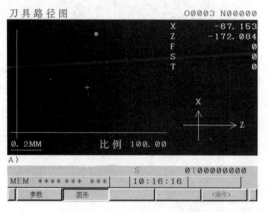

图 1-21　刀具路径图画面

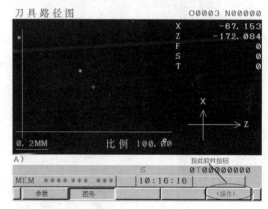

图 1-22　刀具路径扩展

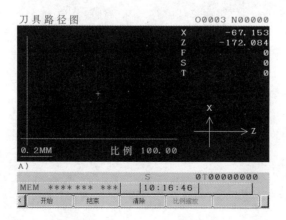

图 1-23　刀具路径图相关参数设置画面

（9）光标移动：← ↑ ↓ →。

→：用于将光标朝右或前进方向移动。

←：用于将光标朝左或倒退方向移动。

↓：用于将光标朝下或前进方向移动。

↑：用于将光标朝上或倒退方向移动。

（10）翻页。

PAGE↑：用于在屏幕上向前翻一页。

PAGE↓：用于在屏幕上向后翻一页。

（11）外部数据输入 / 输出接口。

FANUC 0i-TF 系统的外部数据输入 / 输出接口有 CF 卡插槽（见图 1-24）、U 盘插口（见图 1-25）和 RS232C 数据接口（9 孔 25 针传输线，见图 1-26）。

图 1-24　CF 卡插槽

图 1-25　U 盘插口

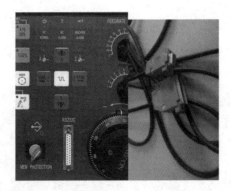

图 1-26　RS232C 数据接口

2. 数控车床控制面板

KDCL15 数控车床的控制面板如图 1-27 所示。

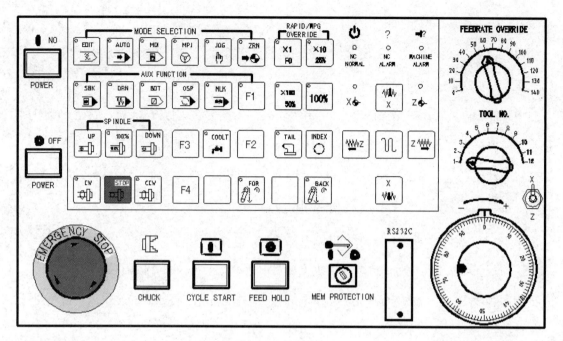

图 1-27　控制面板

　控制面板是各个数控机床生产商根据控制系统的功能自行设计并生产的。由于不同的数控机床生产商有各自的设计风格，所以控制面板从外观上来看，不同厂家生产的机床虽然都安装 FANUC 0i-TF 系统，但控制面板的布局是不一样的，所表达的功能却相同。因此理解各个功能的含义十分重要。

控制面板上各个按钮介绍如下。

（1）方式选择。

EDIT：直接通过操作面板将工件程序手动输入存储器中；可以对存储器内的程序进行修改、插入和删除等操作。

AUTO：进入自动加工模式，即机床执行存储器中的程序，自动加工工件。

MDI：手动数据输入，即用 MDI 键盘直接将程序输入存储器中，并立即运行。

MPJ：通常称为手摇轮或手轮，转动手轮可移动 X 轴或 Z 轴。每次只能移动一个坐标轴，并可以选择 ×1（0.001mm）、×10（0.01mm）和 ×100（0.1mm）三种移动速度，手轮顺时针为坐标轴的正向，手轮逆时针为坐标轴的负向。

JOG：手动（或点动）方式。手动按钮有 4 个（+X、-X、+Z、-Z），按下按钮时滑板移动，抬起按钮时滑板停止移动。

ZRN $\begin{array}{|c|}\hline \text{ZRN} \\ \hline \end{array}$：返回参考点，使 X 轴、Z 轴返回机床参考点，对应的参考点指示灯亮。

（2）数控程序运行控制按钮。

单程序段 $\begin{array}{|c|}\hline \text{SBK} \\ \hline \end{array}$：按此按钮（左上角指示灯亮），在自动运行方式下，执行一个程序段后自动暂停；再按此按钮（左上角指示灯灭），则程序连续运行。

机床锁住 $\begin{array}{|c|}\hline \text{MLK} \\ \hline \end{array}$：按此按钮（左上角指示灯亮），机床的 X 轴、Y 轴、Z 轴被锁定不能移动；再按此按钮（左上角指示灯灭），则解除锁定。

空运行 $\begin{array}{|c|}\hline \text{DRN} \\ \hline \end{array}$：按此按钮（左上角指示灯亮），程序中的 F 代码无效，各坐标轴以系统内设定的"G00"速度移动；再按此按钮（左上角指示灯灭），则 F 代码起效。

程序跳段 $\begin{array}{|c|}\hline \text{BDT} \\ \hline \end{array}$：按此按钮（左上角指示灯亮），开头有"/"符号的程序段被跳过不执行；再按此按钮（左上角指示灯灭），则"/"符号无效。

手轮 X 轴选择、手轮 Z 轴选择 $\otimes$：当开关调向 X 时，转动手轮则 X 轴移动；当开关调向 Z 时，转动手轮则 Z 轴移动；当开关调至中间时，两轴均无效。

（3）机床主轴手动控制开关。

手动开机床主轴正转 $\begin{array}{|c|}\hline \text{CW} \\ \hline \end{array}$：在 $\begin{array}{|c|}\hline \text{JOG} \\ \hline \end{array}$ 或 $\begin{array}{|c|}\hline \text{MPJ} \\ \hline \end{array}$ 方式下，按此按钮（左上角指示灯亮），主轴按最近的记忆转速正向旋转。

手动关机床主轴 $\begin{array}{|c|}\hline \text{STOP} \\ \hline \end{array}$：在 $\begin{array}{|c|}\hline \text{JOG} \\ \hline \end{array}$ 或 $\begin{array}{|c|}\hline \text{MPJ} \\ \hline \end{array}$ 方式下，按此按钮，主轴停止。

手动开机床主轴反转 $\begin{array}{|c|}\hline \text{CCW} \\ \hline \end{array}$：在 $\begin{array}{|c|}\hline \text{JOG} \\ \hline \end{array}$ 或 $\begin{array}{|c|}\hline \text{MPJ} \\ \hline \end{array}$ 方式下，按此按钮（左上角指示灯亮），主轴按最近的记忆转速反向旋转。

手动主轴转速修调 $\begin{array}{|c|}\hline \text{UP} \\ \hline \end{array}$：按此按钮，主轴转速按一定的倍率加速旋转。

手动主轴转速修调 $\begin{array}{|c|}\hline \text{DOWN} \\ \hline \end{array}$：按此按钮，主轴转速按一定的倍率减速旋转。

手动主轴转速修调 $\begin{array}{|c|}\hline \text{100\%} \\ \hline \end{array}$：按此按钮（左上角指示灯亮），主轴转速按程序中设定的转速旋转。

（4）辅助指令说明按钮。

冷却液 $\begin{array}{|c|}\hline \text{COOLT} \\ \hline \end{array}$：按此按钮（左上角指示灯亮），以手动方式启动冷却系统。

刀具交换 $\boxed{\overset{\text{INDEX}}{O}}$：按此按钮进行手动换刀。

（5）程序运行控制开关。

循环启动 $\boxed{}$：在 $\boxed{\overset{\text{AUTO}}{\Rightarrow}}$ 方式下按此按钮，程序被自动运行。
$\underset{\text{CYCLE START}}{}$

循环停止 $\boxed{}$：程序在自动运行的过程中，按此按钮程序被暂停（进给量 F 被锁住），
$\underset{\text{FEED HOLD}}{}$
需继续运行时再按一次"循环启动"按钮即可。

（6）系统电源控制开关。

系统电源启动 $\boxed{\underset{\text{POWER}}{\overset{\text{I NO}}{}}}$；系统电源停止 $\boxed{\underset{\text{POWER}}{\overset{\text{O OFF}}{}}}$。

（7）手动移动机床台面按钮。

选择要移动的坐标轴，如图 1-28 所示，按箭头正方向或负方向移动按钮。$\boxed{\mathcal{M}}$ 是指快速进给，倍率有 100%、50%、25% 和 F0 共 4 挡，如图 1-29 所示。

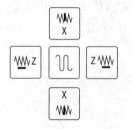

图 1-28　坐标移动按钮

图 1-29　快速进给倍率

3. 手动返回参考点（当机床采用绝对值式测量系统时除外）

当机床采用增量式测量系统时（即编码器），一旦机床断电，其上的数控系统就失去了对参考点坐标的记忆，因此当再次接通数控系统的电源时，操作者必须首先进行返回参考点的操作。另外，若机床在操作过程中遇到急停信号或超程报警信号，待故障排除后恢复机床工作时，最好也进行返回参考点的操作。操作步骤如下。

（1）按返回参考点 $\boxed{\overset{\text{ZRN}}{\Rightarrow}}$ 按钮。

（2）将快速进给倍率按钮调至适当的位置。

（3）按住与返回参考点相应的进给轴和方向选择开关，直至机床返回参考点（返回参考点时必须先回 X 轴，再回 Z 轴，否则刀架可能与尾座发生碰撞）。当机床返回参考点后，返回参考点完成灯会亮。

4. 手动连续（JOG）进给

在 $\boxed{\overset{\text{JOG}}{\underset{\text{}}{\Downarrow}}}$ 方式下，按机床操作面板上的进给轴和方向选择按钮，机床沿选定轴的选定方向移动。手动连续进给速度可用进给速度倍率调节旋钮来调节，如图 1-30 所示；手动操作

通常一次移动一个轴。此时如果再加按快速进给倍率按钮 ⟰，机床则快速移动，而这时进给速度倍率调节旋钮将无效，只能使用快速进给倍率按钮来调节。

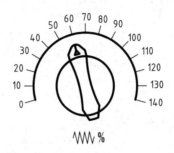

图 1-30　进给速度倍率调节旋钮

5. 手轮移动

在手轮方式下，机床坐标轴可由操作面板上手摇脉冲发生器连续旋转，来控制机床连续不断地移动，当手摇脉冲发生器旋转一个刻度时，机床坐标轴移动相应的距离，机床手摇脉冲发生器坐标轴移动的速度由快速进给倍率确定，如图 1-31 所示。操作步骤如下。

图 1-31　快速进给倍率

（1）按 MPJ 按钮。

（2）在面板上旋转手摇脉冲发生器移动轴选择旋钮，旋到想要让机床移动的轴上。

（3）再选择手摇脉冲发生器上的快速进给倍率按钮，根据移动速度的需要合理选择，转动手摇脉冲发生器如图 1-32 所示，则该坐标轴将按照选定的脉冲量移动。"+"表示向各坐标轴的正向移动，"−"表示向各坐标轴的负向移动。

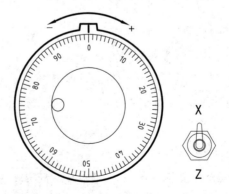

图 1-32　手摇脉冲发生器及坐标轴选择

6. 程序的输入、编辑和存储

（1）新程序的建立。

向程序存储器中加入一个新程序名的操作称为程序建立，操作步骤如下。

①按 EDIT 按钮。

②将程序保护钥匙开关置"解除"位。

③按"PROG"按钮并将屏幕显示切换到程序（字）画面，如图 1-33 所示。

④输入要新建的程序名，如"O0111"，该程序名不能与系统内已有的程序重名。此时输入的内容会出现在屏幕下方，该位置称为缓存区，如图 1-34 所示。

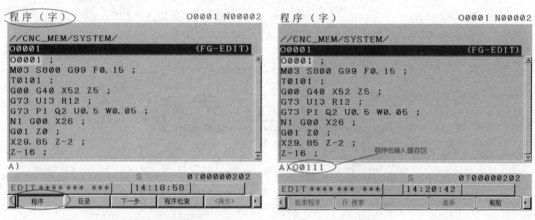

图 1-33 程序（字）画面　　　　　图 1-34 程序名输入缓存区

⑤按"INSERT"按钮，程序名被输入系统，如图 1-35 所示。

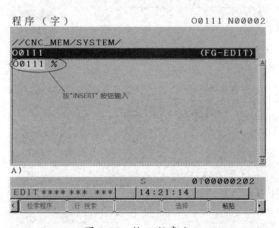

图 1-35 输入程序名

⑥按"EOB"（即"；"）按钮如图 1-36 所示，再按"INSERT"按钮将"；"插入程序名后，此时显示为 O0111；，新程序名建立完成，如图 1-37 所示。

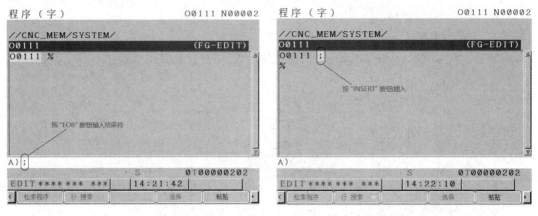

图 1-36　结束符输入缓存区　　　　　图 1-37　输入结束符

 提示　　在建立新程序名时，如果直接输入"O0111；"，如图 1-38 所示，将会出现"格式错误"报警，如图 1-39 所示。

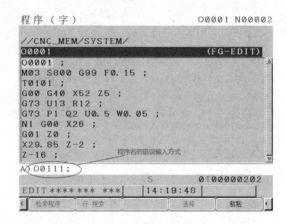

图 1-38　程序名输入缓存区

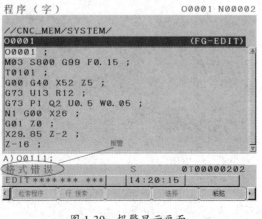

图 1-39　报警显示画面

（2）程序内容的输入。

①按上述方式建立一个新的程序名。

②在输入具体程序内容时，一段程序指令输入完成后，可直接加结束符"；"，如图 1-40 所示；再按"INSERT"按钮将整段程序输入系统，如图 1-41 所示。

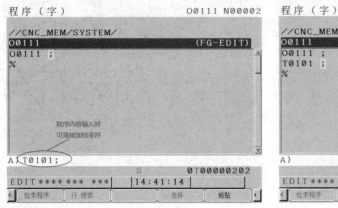

图 1-40 程序内容输入缓存区

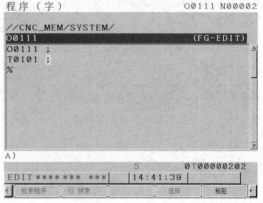

图 1-41 输入程序内容

在输入程序内容时，不仅可以一整段一整段地输入，也可以几段一起输入（只要缓存区足够长），如图 1-42 所示；输入完成后再按"INSERT"按钮，程序会自动按段排列，如图 1-43 所示。

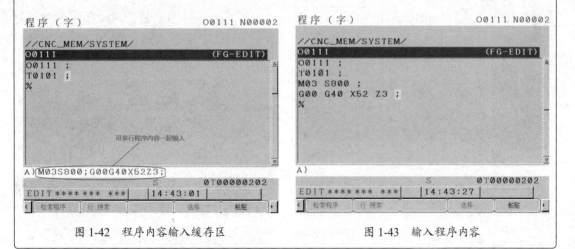

图 1-42 程序内容输入缓存区

图 1-43 输入程序内容

在输入程序内容的过程中，出现缓存区字符输入错误时，如图 1-44 所示，按"CAN"按钮将缓存区内的字符由右向左一个一个地删除，如图 1-45 所示。

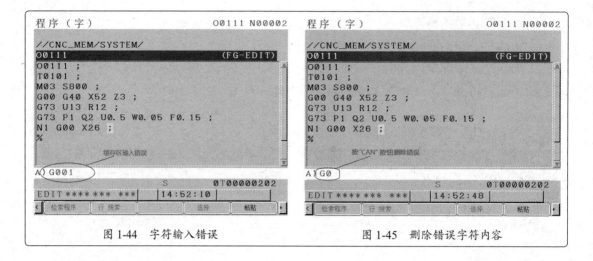

图 1-44　字符输入错误　　　　　　　　　图 1-45　删除错误字符内容

（3）搜索并调出程序。

搜索并调出程序有两种方法。

方法一：

①按 [EDIT] 按钮；

②按"PROG"按钮，将屏幕显示画面切换到程序目录画面；

③在缓存区输入要调出程序的程序名，如"O0001"，如图 1-46 所示；

④按向上或向下光标移动按钮（一般按"↓"按钮）；

⑤搜索完毕后，被搜索程序的程序名会出现在屏幕上（见图 1-47）。如果没有找到指定的程序，会出现报警信息。

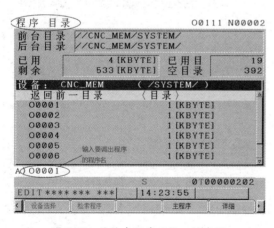

图 1-46　被搜索程序名输入缓存区

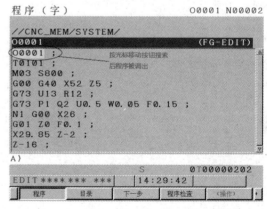

图 1-47　显示被搜索程序

方法二：

①按 [EDIT] 按钮；

②按 "PROG" 按钮，将屏幕显示画面切换到程序目录画面；

③在缓存区输入要调出程序的程序名，如 "O0001"；

④按屏幕下方的 "检索程序" 软件按钮（见图 1-48），则程序被调出。

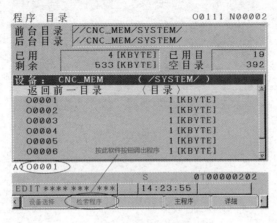

图 1-48　程序名检索画面

（4）插入一段程序或字符。

插入一段程序或字符主要用于输入或编辑程序，操作步骤如下。

①按 EDIT 按钮。

②按 "PROG" 按钮。

③调出需要输入或编辑的程序。

④使用翻页按钮和光标移动按钮将光标移动到插入位置的前一个字符下，如要在 "G00" 后插入 "G42"，如图 1-49 所示。

⑤输入需要插入的内容 "G42"，如图 1-50 所示。

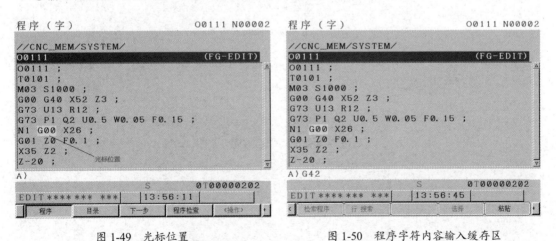

图 1-49　光标位置　　　　　　　图 1-50　程序字符内容输入缓存区

⑥按 "INSERT" 按钮，则缓存区的内容被插入光标所在字符的后面，如图 1-51 所示。

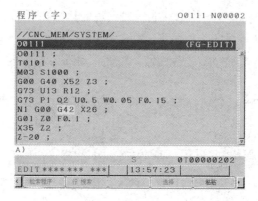

图 1-51　插入字符

（5）修改一个字符。

操作步骤如下。

①调出需要编辑或输入的程序。

②使用翻页按钮和光标移动按钮将光标移动到需要修改的字符中，如将"S800"修改为"S1000"，如图 1-52 所示。

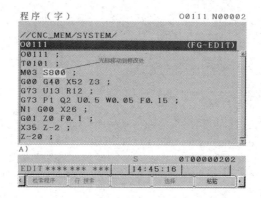

图 1-52　光标移动到修改处

③在缓存区输入替换该字符的内容，可以是一个字符，也可以是几个字符或几个程序段（只要输入缓存区可以容纳），如图 1-53 所示。

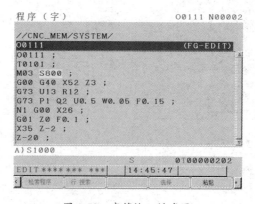

图 1-53　字符输入缓存区

④按"ALTER"按钮,光标所在位置的字符将被缓存区的字符所替代,如图 1-54 所示。

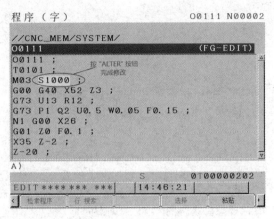

图 1-54 修改字符

（6）删除一个字符。

①按 按钮。

②按"PROG"按钮。

③调出需要编辑的程序。

④使用翻页按钮和光标移动按钮将光标移动到需要删除的字符上,如图 1-55 所示。

⑤按"DELETE"按钮,此时光标所在位置的字符被删除,如图 1-56 所示。

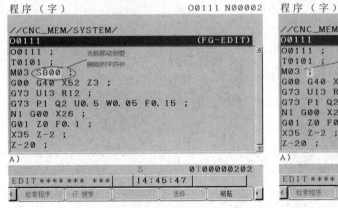

图 1-55 光标移动到删除字符处

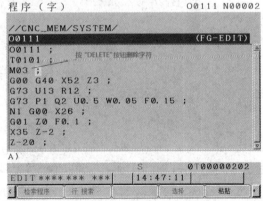

图 1-56 删除字符

> 提示　不输入任何内容直接按"DELETE"按钮将删除光标所在位置前的字符内容。如果被输入的字符在程序中不止一个,则被删除的内容到距离光标最近的一个字符为止。如果输入的是一个顺序号,则从当前光标所在位置开始到指定顺序号的程序段都被删除。

（7）删除整个程序。

删除整个程序有两种方法。

方法一：

①按 [EDIT] 按钮；

②按 "PROG" 按钮，切换到图 1-57 所示的程序目录画面；

③按屏幕右下角的 "操作" 软件按钮，如图 1-58 所示；

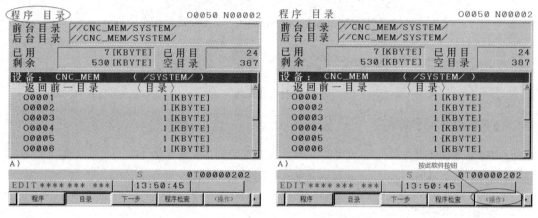

图 1-57　程序目录画面　　　　　　　　　图 1-58　操作

④再按屏幕右下角的 "+" 扩展按钮，如图 1-59 所示；

⑤此时屏幕下方显示如图 1-60 所示；

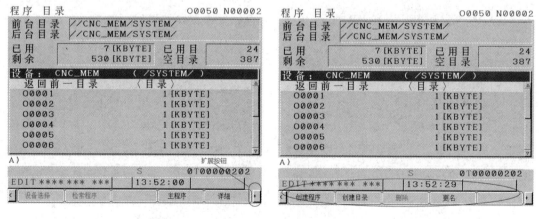

图 1-59　扩展按钮　　　　　　　　　图 1-60　扩展后的显示画面

⑥将光标移动到需删除程序的程序名 "O0005" 上，如图 1-61 所示；

⑦按屏幕下方的 "删除" 软件按钮，如图 1-62 所示，此时屏幕显示是否要删除程序的提示 "删除程序？"，如图 1-63 所示；

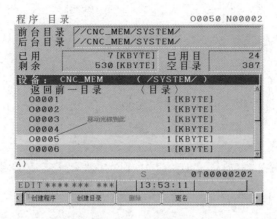

图 1-61 移动光标

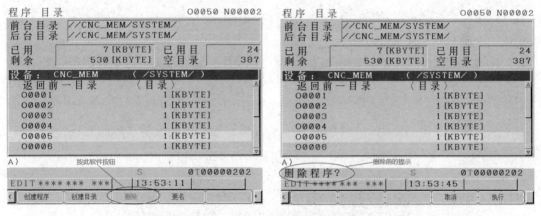

图 1-62 删除

图 1-63 删除前的提示

⑧按屏幕下方的"执行"软件按钮，如图 1-64 所示；指定的程序名将从程序目录中被删除，如图 1-65 所示。

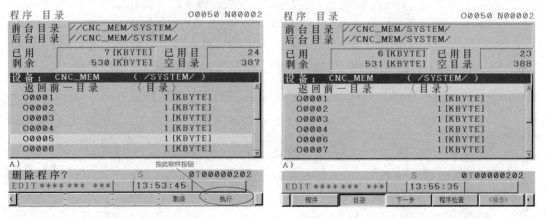

图 1-64 执行

图 1-65 删除后的程序目录画面

方法二:

①按 [EDIT] 按钮;

②按 "PROG" 按钮,切换到图 1-66 所示的程序(字)画面;

③在缓存区输入需删除程序的程序名 "O0005",如图 1-67 所示。

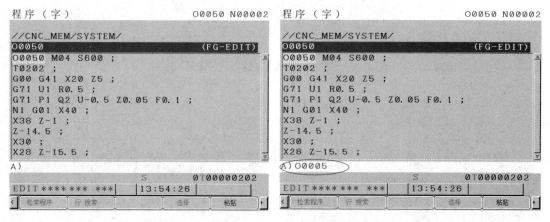

图 1-66 程序(字)画面   图 1-67 程序名输入缓存区

④按 "DELETE" 按钮,此时屏幕显示是否要删除程序的提示 "删除程序?",如图 1-68 所示;

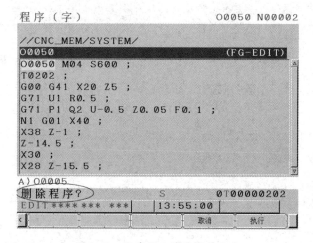

图 1-68 程序删除前的提示画面

⑤按屏幕下方的 "执行" 软件按钮,指定的程序名将从程序目录中删除。

(8)删除全部程序。

删除系统内存中所有程序的操作步骤如下。

①按 [EDIT] 按钮。

②按 "PROG" 按钮,将屏幕切换到程序(字)画面,如图 1-69 所示。

③在缓存区输入"O-9999",如图 1-70 所示。

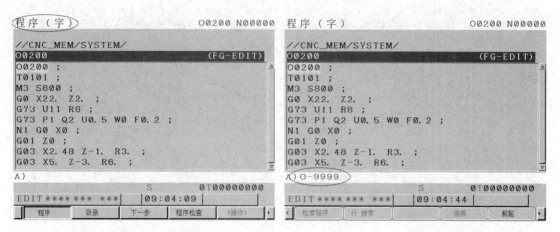

图 1-69 程序(字)画面　　　　　　　图 1-70 字符输入缓存区

④按"DELETE"按钮,此时屏幕显示"全删除"的提示,如图 1-71 所示。

⑤按屏幕右下角的"执行"软件按钮,则全部存储的程序都被删除,如图 1-72 所示。

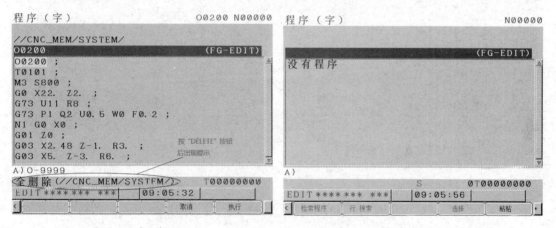

图 1-71 屏幕提示　　　　　　　　图 1-72 全部程序删除后的画面

(9)搜索一个字符。

例如,搜索"M""F""G01""N××"等,操作步骤如下。

①按 [EDIT] 按钮。

②按"PROG"按钮,将屏幕切换到程序(字)画面,如图 1-73 所示。

③输入要搜索的字符(如"F"),如图 1-74 所示。

④按右下角的扩展按钮"+",如图 1-75 所示,此时屏幕下方的软件按钮显示如图 1-76 所示。

⑤按"搜索"软件按钮或按"↓搜索"软件按钮进行搜索。当遇到第一个与搜索内容完全相同的字符时,停止搜索并使光标停在该字符位置,如图 1-77 所示。

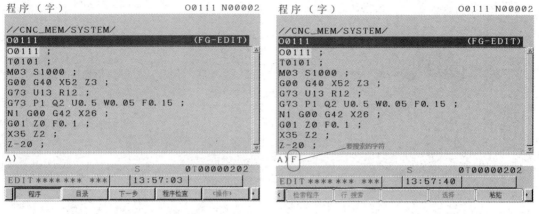

图 1-73 程序（字）画面　　　　　　　图 1-74 缓存区输入字符

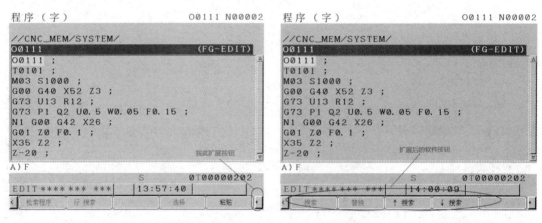

图 1-75 扩展软件按钮　　　　　　　图 1-76 扩展后软件按钮

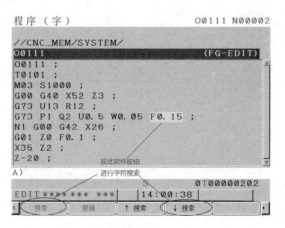

图 1-77 搜索结果

7. 自动加工

①先切换到 ⟦EDIT⟧ 方式选择按钮，选择并打开要加工运行的程序，将光标移至程序开始

位置，如图 1-78 所示。

②再将方式选择按钮切换到 ，屏幕显示如图 1-79 所示。

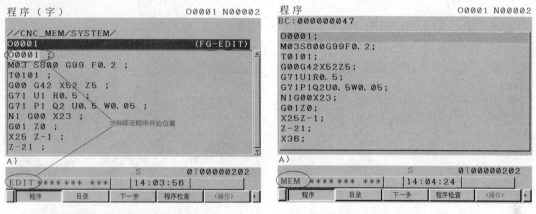

图 1-78 加工前准备工作画面   图 1-79 自动执行方式

③按面板上的"循环启动"按钮，程序开始运行。

④在程序自动运行时可以按屏幕下方的"程序检查"软件按钮，如图 1-80 所示；将画面切换至"程序检查"窗口，以便观察刀具及程序的行程，如图 1-81 所示。

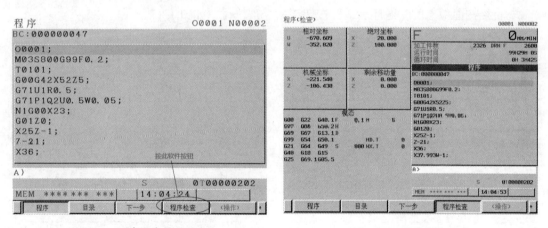

图 1-80 程序检查软件按钮   图 1-81 程序检查画面

> **提示** 按"循环启动"按钮前，所有的准备工作（包括对刀及数值的输入等）必须已经完成。

8. 在 MDI 方式下执行可编程指令

在 MDI 方式下可以从 CRT/MDI 控制面板上直接输入并执行单个（或几个）程序段，被输入并执行的程序段不会被存入程序存储器中。

例如，要在 MDI 方式下输入并执行程序段"M03 S600"，操作步骤如下。

①按 [MDI] 按钮。

②按"PROG"按钮使 CRT 显示屏显示"程序"画面，如图 1-82 所示。

③在缓存区输入"M03 S600;"，如图 1-83 所示。

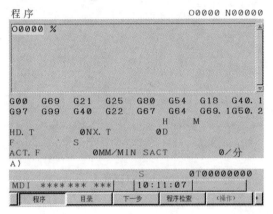

图 1-82　MDI 画面显示

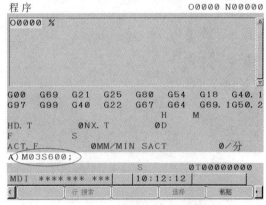

图 1-83　缓存区输入字符

④按"INPUT"按钮输入，如图 1-84 所示。

⑤直接按面板上的"循环启动"按钮该指令被执行，如图 1-85 所示。

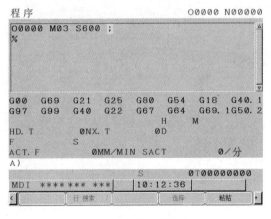

图 1-84　程序字符输入

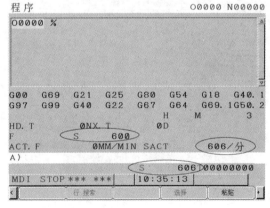

图 1-85　指令执行后的画面

9. 关机

①清理机床。

②将 X 轴、Z 轴移到适当的位置。

③按"紧急停止"按钮。

④按面板上的系统电源关闭按钮，关闭系统电源。

⑤关闭机床总电源。

1.2 FANUC 0i-TF 数控车床对刀

数控车床常用的对刀方法有三种：试切对刀、机械对刀仪对刀（接触式，见图 1-86）和光学对刀仪对刀（非接触式）。本节以试切对刀为例进行介绍。

图 1-86　机械对刀仪

在数控车削加工中，首先应确定零件的加工原点，以建立准确的加工坐标系，同时考虑刀具不同尺寸对加工的影响。这些都需要通过对刀来解决。

对刀是数控加工中比较复杂的工艺准备工作之一。对刀的精度将直接影响加工程序的编写及零件的尺寸精度。通过对刀或刀具预调，还可同时测定各号刀的刀位偏差，有利于设定刀具补偿量。

1.2.1　刀位点的建立

刀位点是指在编写加工程序中表示刀具特征的点，也是对刀和加工的基准点。对刀的目的是确定程序原点在机床坐标系中的位置，对刀点可以设在零件、夹具或机床上，对刀时应使对刀点与刀位点重合。

1.2.2　对刀点和换刀点的位置确定

1. 对刀点的位置确定

用于确定工件坐标系相对于机床坐标系之间的关系，并与对刀基准点相重合的位置，称为对刀点。在编写加工程序时，其程序原点通常设定在对刀点位置上。在一般情况下，对刀点既是加工程序执行的起点，也是加工程序执行完成的终点。

对刀点位置的选择一般遵循如下几个原则。

（1）尽量使加工程序的编写工作简单、方便。

（2）便于用常规量具在车床上进行测量，且便于工件装夹。

（3）该点的对刀误差较小，或可能引起的加工误差为最小。

（4）尽量使加工程序中的引入（或返回）路线短，并便于换（转）刀。

（5）应选择在与车床约定机械间隙状态（消除或保持最大间隙方向）相适应的位置上，避免在执行其自动补偿时造成"反向补偿"。

2. 换刀点的位置确定

换刀点是指在编写数控车床多刀加工的加工程序时，相对于车床固定原点而设置的一个自动换刀的位置。换刀点可设在程序原点、车床固定原点或浮动原点上，其具体的位置应根据工序内容而定。为了防止换刀时碰撞到被加工零件、夹具或尾座而发生事故，除特殊情况外，其换刀点几乎都设在被加工零件的外面，并留有一定的安全区。

3. 试切对刀（以外径车刀为例）

对刀的目的是建立工件坐标系（即加工原点），找出机床坐标系（即机床原点）与工件坐标系之间的距离，并将该距离尺寸值存储到系统的刀具偏置存储器中。

（1）X 轴向对刀。

①在安全位置将所要对刀的刀具换至加工位（假设刀具号为"T01"号）。

②按 $\boxed{\overset{\text{MPJ}}{\triangledown}}$ 按钮。

③启动主轴使主轴旋转。

④用手轮将刀具移到工件附近，然后将手轮倍率调到低速挡，刀具试车削工件外圆一刀如图 1-87 所示，外径车削完成后将刀具沿 Z 轴退出，按"POS"按钮使屏幕显示综合位置画面，此时在机械坐标中 X 值为图 1-88 所示的"-111.400"，使刀具沿 Z 轴方向移动远离工件，但不可沿 X 轴方向移动。

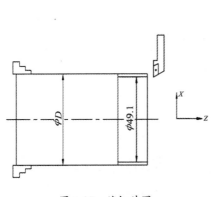

图 1-87 试切外圆

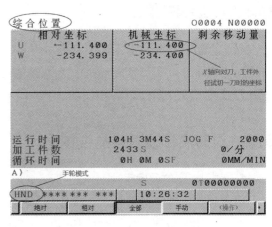

图 1-88 X 轴机械坐标值

Z 轴方向的切入深度值可由操作者任意自定，一般能方便测量即可。

⑤主轴停止。

⑥按 "OFFSET SETTING" 按钮，显示刀具偏量 / 形状画面，如图 1-89 所示，使用光标移动按钮将光标移动到 "T01" 号刀具所对应的对刀偏置数值输入处（为了方便记忆，一般选择 "01" 号处来输入对刀偏置数值，即图中的 "G001" 位置）。

⑦用量具测量刚车削出来的工件外径尺寸。若测量值为 $\phi49.1mm$，则在对应的 X 轴向对刀输入缓存区输入 "X49.10"，如图 1-90 所示，然后按 "测量" 软件按钮，如图 1-91 所示，其 X 轴向对刀结果如图 1-92 所示。此时该刀的 X 轴向工件坐标系被建立，其坐标数值为 "-160.500"（由 $-111.400 - 49.1 = -160.500$ 而得）。

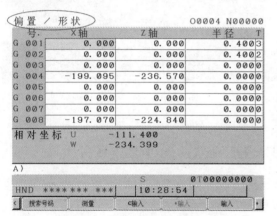

图 1-89　刀具偏置 / 形状画面

图 1-90　输入工件外径值

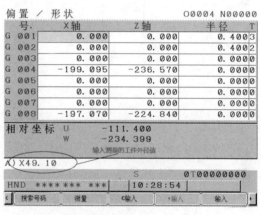

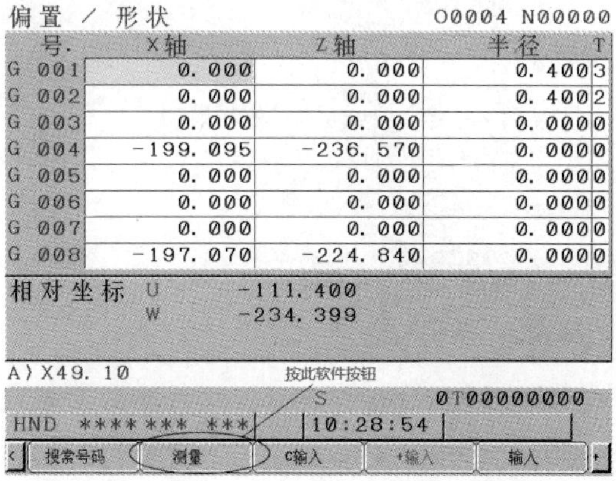

图 1-91　按 "测量" 软件按钮

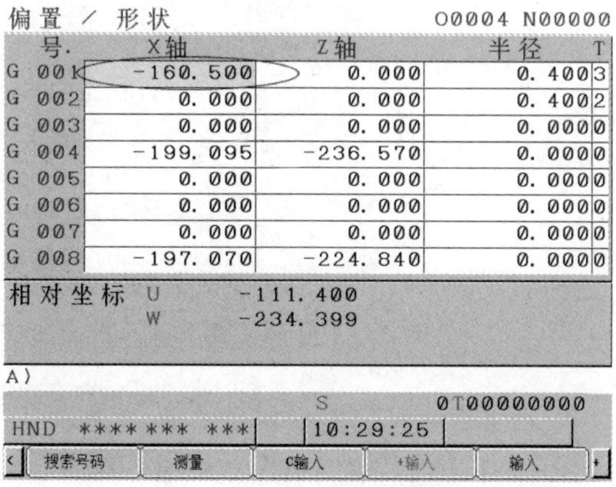

图 1-92　X 轴向对刀结果

（2）Z轴向对刀。

①启动主轴使主轴旋转。

②用外径刀将工件端面（基准面）车削出来，效果如图1-93所示。

③车削工件端面后，刀具可以沿X轴方向移动远离工件，但不可沿Z轴方向移动。按"POS"按钮使屏幕显示综合位置画面，此时在机械坐标中Z值为图1-94中的"−242.700"。

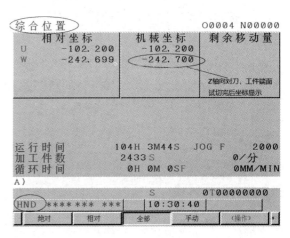

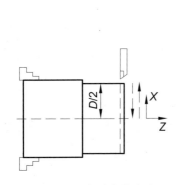

图1-93　车削工件端面

图1-94　Z轴机械坐标值

④主轴停止。

⑤按"OFFSET SETTING"按钮，显示刀具偏置/形状画面，如图1-95所示。

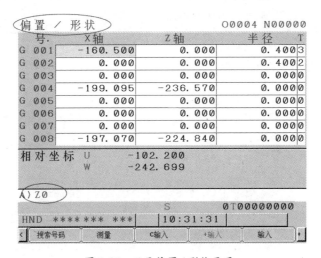

图1-95　刀具偏置/形状画面

⑥在相应的Z轴向对刀数值输入缓存区输入"Z0"后按"测量"软件按钮，如图1-96所示。此时该刀的Z轴向工件坐标系被建立，其坐标数值"−242.700"即"机械坐标"中的Z值，如图1-97所示。该计算结果由 −242.700 ± 0 = −242.700 而得。

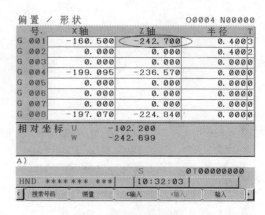

图 1-96 输入数值后按"测量"软件按钮　　　　图 1-97 Z 轴向对刀结果

4. 试切对刀（其余刀具）

当加工一个零件需要两把及以上刀具时，其他刀具的对刀原理和方法与第一把刀相同。需注意的是：当 X 轴方向有足够的余量时，在 X 轴向上对刀可再次车削外径；但为了保证基准面的统一，其他刀具在 Z 轴向对刀时只能去轻碰第一把刀在对刀时已做好的基准面。

5. 刀偏数值的修改

对完刀具后在试切加工时，如果发现加工尺寸不符合加工要求，就需要修改对刀数值，其方法如下。

根据零件实测尺寸进行刀偏量的修改。例如，测得工件外圆尺寸比要求尺寸小 0.02mm，可在刀偏量修改状态（即"OFFSET SETTING"按钮界面中的"磨损"）下，如图 1-98 所示，将该刀具的 X 轴方向刀偏量改大 0.02mm（即输入"0.02"），按"INPUT"按钮或"输入"软件按钮输入，如图 1-99、图 1-100 所示。另外，此数值也可直接输入形状模式中对应的"X 轴"数值中，即在原先已对刀数值的基础上，输入"0.02"，按"＋输入"软件按钮，如图 1-101 所示。此时屏幕下方出现修改后的数值提示，如图 1-102 所示；按"执行"软件按钮，最终修改后的对刀数值被输入对应的位置，如图 1-103 所示。

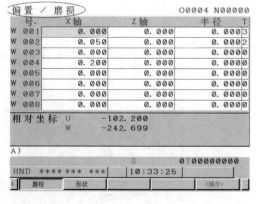

图 1-98 刀具磨损画面

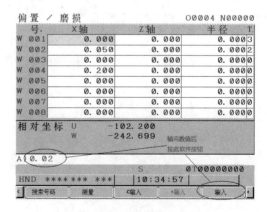

图 1-99 输入刀偏值补偿

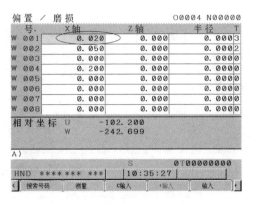

图 1-100 输入完成后的画面

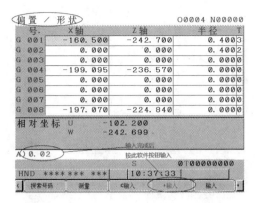

图 1-101 刀偏值在形状模式中的输入

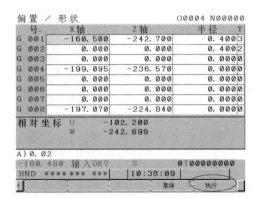

图 1-102 X 轴向改变后的数值

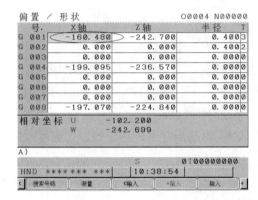

图 1-103 输入完成后的画面

1.3 FANUC 0i-TF 编程指令的结构与格式

1.3.1 机床坐标系的建立

国际标准规定数控机床的坐标系采用右手定则的笛卡儿坐标系，如图 1-104 所示。

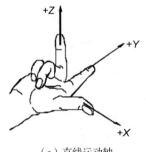

（a）直线运动轴

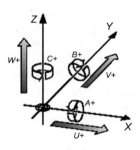

（b）回转轴

图 1-104 坐标系的定义

提示 　　图 1-104 中的方向为刀具相对于工件的运动方向，即假设工件不动，刀具相对运动的情况。当工件（或工作台）以刀具为参照物运动时，建立在工件（或工作台）上的坐标轴方向与图示方向相反。

数控机床的坐标轴和方向规定如下。

（1）Z 轴：与机床主轴轴线平行的坐标轴为 Z 轴，刀具远离工件的方向为 Z 轴的正向。当机床有几根主轴或没有主轴时，则选择垂直于工件装夹表面的轴为 Z 轴。

（2）X 轴：X 轴是刀具在定位平面的主要运动轴，它垂直于机床 Z 轴，平行于工件装夹表面。对于数控车床、磨床等工件旋转的机床，工件的径向运动为 X 轴，刀具远离工件的方向为 X 轴正向。

（3）Y 轴：在 Z 轴、X 轴确定后，通过右手定则的笛卡儿坐标系确定 Y 轴。

（4）回转轴：绕 X 轴回转的坐标轴为 A 轴；绕 Y 轴回转的坐标轴为 B 轴；绕 Z 轴回转的坐标轴为 C 轴；方向采用右手螺旋定则，如图 1-104（b）所示。

（5）附加坐标轴：平行于 X 轴的坐标轴为 U 轴；平行于 Y 轴的坐标轴为 V 轴；平行于 Z 轴的坐标轴为 W 轴；方向与 X 轴、Y 轴、Z 轴一致。

1.3.2　程序格式

通常，程序的开头为程序号，然后为加工指令的程序段及程序段结束符（；），最后为程序结束标记指令。

1. 程序号

程序号的结构：FANUC 系统的程序号为 O× × × ×；

用 4 位数（0001 ～ 9999）表示

 提示 　　使用程序号应注意以下几点：

（1）程序号必须写在程序的最前面；

（2）在同一台数控机床中，程序号不得重复使用；

（3）程序号 O9999、O-9999（特殊用途指令）、O0000 在数控系统中通常有特殊的含义，在普通加工程序中应避免使用；

（4）程序号必须占一个单独的程序段。

2. 程序段的构成

数控机床的加工程序以程序字作为最基本的单位，程序字的集合构成了程序段，程序段的集合构成了加工程序。不同的加工零件，其数控加工程序也不同；在不同的加工程序中，有的程序段（或程序字）是必不可少的，有的是可以根据需要选择使用的。下面是一个最简单的数控车床加工程序实例：

O0001；

T0101；

G00 X30 Z100；

S800 M03；

Z5；

G01 Z-20 F0.1；

G00 X50；

M30；

从上面的程序中可以看出，程序以 O0001 开头，以 M30 结束。在数控机床上，将 O0001 称为程序号，M30 称为程序结束标记。中间部分的每行（以 ";" 作为分行标记）称为一个程序段。

程序号、程序结束标记、程序段是加工程序必须具备的三要素。

3. 程序段顺序号

为区别和识别程序段，可以在程序段的前面加上顺序号。

程序段顺序号的结构：N× ～ × × × ×
                              ↑
                    用 1～4 位数（1～9999）表示

例如，程序段顺序号可用 N1，N2，…，N9999 来表示。

在 FANUC 系统的某个程序段中可以有顺序号，也可以没有，加工时不以顺序号的大小为各个程序段排序。

1.3.3 程序字与输入格式

在数控机床上，把程序中出现的英文字母及字符称为"地址"，如 X、Y、Z、A、B、C、%、@、# 等；数字 0 ～ 9（包括小数点、＋、－）称为"数字"。通常来说，每个不同的地址都代表着一类指令代码，而同类指令则通过后缀的数字加以区别。"地址"和"数字"的组合称为"程序字"；程序字是组成数控加工程序的最基本单位，使用时应注意以下几点。

（1）单独的地址或数字都不允许在程序中使用。例如，G、F、M、200 是不正确的程序字；而 X50、G01、M03、Z-30.112 才是正确的程序字。

（2）程序字必须是字母（或字符）后缀数字，先后次序不可以颠倒。例如，01M、100X 是不正确的程序字。FANUC 0i 系统输入格式及含义如表 1-2 所示。

表1-2 FANUC 0i 系统输入格式及含义

地　址	允许输入范围	含　义
O	1～9999	程序号
N	1～9999	程序段顺序号
G	00～99	准备功能代码
X、Y、Z、A、B、C、U、V、W、I、J、K、R	−9999.999～+9999.999 9999.99900999999.999	坐标值
I、J、K	−9999.999～+9999.999	插补参数
F	0.01～500mm/r	进给速度
S	0～20000	主轴转速
T	0～9999	刀具功能
M	0～99	辅助功能
X、P、U	0～99999.999	暂停时间
P	1～9999999	子程序号

（3）对于不同的数控系统，或同一系统的不同地址，程序字都有规定的格式和要求，这个程序字的格式称为数控系统的输入格式。数控系统无法识别不符合输入格式要求的代码。输入格式的详细规定，可以查阅数控系统生产商提供的编程说明书。

表 1-2 列出的输入格式只是数控系统允许输入的格式，并不代表机床的实际参数。对于不同的机床，在编程时必须根据机床的具体规格（如工作台的移动范围、刀具数、最高主轴转速、快进速度等）来确定机床编程的允许输入范围。

1.3.4 准备功能

G 代码指令习惯上称为数控机床的"准备功能"，是数控编程中内容最多、用途最广的编程指令。对于 G00～G99 范围内的 100 个 G 代码，几乎都有不同的含义，特别是随着数控系统功能的进一步完善，在一些先进的数控系统中已经开始采用三位 G 代码指令。

1. 模态代码与非模态代码

在地址 G 后的数字决定了该程序段指令的意义。G 代码分为以下两类。

（1）非模态 G 代码：G 代码只在指令它的程序段中有效。

（2）模态 G 代码：在指令同组其他 G 代码前该 G 代码一直有效。

根据程序段的基本要求，为了保证动作的正确执行，每个程序段都必须具备以下 6 要素。

①移动的目标是哪里。

②沿什么样的轨迹移动。

③移动速度要多快。

④刀具的切削速度是多少。

⑤选择哪一把刀移动。

⑥机床还需要哪些辅助动作。

在实际编程中，这样的程序段必将出现大量的重复代码，使程序显得十分复杂和冗长。为了避免出现以上情况，在数控系统中规定了这样一些代码指令：它们在某一个程序段中指令之后，可以一直保持有效状态，直到撤销这些指令，这些代码指令称为"模态代码"或"模态指令"。而仅在编入程序段中生效的代码指令，称为"非模态有效代码"或"非模态有效指令"。

2. 代码分组与开机默认代码

利用模态代码可以大大简化加工程序，但是由于它的连续有效性，使得其撤销必须由相应的指令进行，代码分组的主要作用就是撤销模态代码。代码分组是指将系统不能同时执行的代码指令归为一组，并以编号区别，而且同一组的代码有相互取代的作用，由此来达到撤销模态代码的目的。

此外，为了避免在编程过程中遗漏指令代码，像计算机一样，数控系统也对每组代码指令都取其中的一个作为开机默认代码，此代码在开机或系统复位时可以自动生效。

提示

（1）除 G10 和 G11 外，00 组的 G 代码都是非模态 G 代码。

（2）不同组的 G 代码能够在同一个程序段中指定。如果同一个程序段中指定了同组 G 代码，则最后指定的 G 代码有效。但不同组的代码可以多个组合，并在同一个程序段中编程。

（3）对于开机默认的模态代码，在程序中允许不用重复编写。

（4）如果在固定循环中指定了 01 组 G 代码，就像指定了 G80 指令一样取消固定循环。指令固定循环的 G 代码不影响 01 组 G 代码。FANUC 0i-TF 数控车床 G 代码及功能如表 1-3 所示。

表 1-3　FANUC 0i-TF 数控车床 G 代码及功能

G 代码	组	功能	G 代码	组	功能
G00*	01	定位（快速）	G54*	14	选择工件坐标系 1
G01		直线插补（切削进给）	G55		选择工件坐标系 2
G02		顺时针圆弧插补	G56		选择工件坐标系 3
G03		逆时针圆弧插补	G57		选择工件坐标系 4
G04	00	暂停	G58		选择工件坐标系 5
G07.1（G107）		圆柱插补	G59		选择工件坐标系 6
G10		可编程数据输入方式	G65	12	宏程序调用
G11		可编程数据输入方式取消	G66		宏程序模态调用
G12.1（G112）	21	极坐标插补方式	G67		宏程序模态调用取消
G13.1（G113）		极坐标插补方式取消	G70	00	精加工循环
			G71		粗车循环
			G72		端面粗车循环
			G73		仿形粗车复合固定循环
G18	16	ZpXp 平面选择	G74		端面深孔钻削
G20	06	英寸输入	G75		外径 / 内径啄式钻孔
G21		毫米输入	G76		螺纹切削复合循环
G22	09	存储行程检测功能有效	G80*	10	固定钻循环取消
G23		存储行程检测功能无效	G83		平面钻孔循环
G27	00	返回参考点检测	G84		平面攻丝循环
G28		返回参考点	G85		正面镗孔循环
G30		返回第 2，3，4 参考点	G87		侧钻循环
G31		跳转功能	G88		侧攻丝循环
G32	01	螺纹切削	G89		侧镗循环
G40*	07	刀尖半径补偿取消	G90	01	外径 / 内径切削循环
G41		刀尖半径左补偿	G92		螺纹切削循环
G42		刀尖半径右补偿	G94		端面车削循环
G50	00	坐标系设定或最高主轴转速限制	G96	02	恒线速度控制
G50.3		工件坐标系预设	G97		恒线速度控制取消
G52		局部坐标系设定	G98	05	每分钟进给
G53		机床坐标系选择	G99		每转进给

注：带 * 者表示开机时会初始化的代码。

1.3.5　辅助功能

控制机床辅助动作的功能称为辅助功能，也称 M 功能。辅助功能由地址 M 加后缀数字组成，常用的是 M00～M99 共 100 个 M 代码指令，其中部分代码为数控机床规定的通用代码，在所有数控机床上都具有相同的意义，FANUC 0i-TF 数控车床常用的 M 代码及功能如表 1-4 所示。其他 M 代码指令的意义由数控机床生产商定义，因此使用时必须参照机床生产商提供的使用说明书。

表 1-4　FANUC 0i-TF 数控车床常用的 M 代码及功能

序　号	代　码	功　能
1	M00	程序暂停
2	M01	程序选择暂停
3	M02	程序结束标记
4	M03	主轴正转
5	M04	主轴反转
6	M05	主轴停止
7	M07	内冷却开
8	M08	外冷却开
9	M09	冷却关
10	M30	程序结束、系统复位
11	M98	子程序调用
12	M99	子程序结束标记

1. M00（程序暂停）

当执行有 M00 指令的程序段后，不执行下一个程序段。相当于执行了"进给保持"操作。当按操作面板上的"循环启动"按钮后，程序继续执行。

M00 指令可应用于在自动加工过程中停车进行某些手动操作，如手动变速、换刀、关键尺寸的抽样检查等。

2. M01（程序选择暂停）

M01 指令的作用和 M00 相似，但它必须预先按下操作面板上"选择停止"按钮，当执行有 M01 指令的程序段后，才会停止执行程序。如果没有按下"选择停止"按钮，M01 指令无效，程序继续执行。

3. M02（程序结束标记）

M02 指令用于加工程序全部结束。执行该指令后，机床会停止自动运转，切削液关，机床复位。

4. M03（主轴正转）

对于立式车床，正转设定为由 Z 轴正方向向负方向看去，主轴沿顺时针方向旋转。

5. M04（主轴反转）

主轴沿逆时针方向旋转。

6. M30（程序结束）

在完成程序段所有指令后，使主轴、进给停止，切削液关，机床及控制系统复位，光标回到程序开始的字符位置。

（1）M 功能的控制，决定于机床生产商的 PLC 程序设计，通常都是模态指令。

（2）与 G 代码指令类似，M 代码也必须进行分组，如 M03、M04、M05，M00、M01，M07、M08 与 M09 均属于同一组的 M 代码，且有开机默认代码。但对于其他 M 代码的分组与开机默认值应参见数控机床生产商提供的使用说明书。

（3）虽然 M 代码进行了分组，但在一个程序段中最好只编入一个 M 代码指令，以防止机床动作的冲突。

（4）当同一个程序段中既有 M 代码又有其他指令时，可以先执行 M 代码，再执行其他指令；也可以先执行其他指令，最后执行 M 代码（决定于机床参数与系统的设置）。因此，为了保证加工程序能按要求、以正确的次序执行，对于程序段结束标记 M02、M30 及子程序调用 M98 等，应用单独的程序段进行编程。

（5）在一个程序段中只能指令一个 M 代码，如果在一个程序段中指令了两个或两个以上的 M 代码，只有最后一个 M 代码有效，其他 M 代码均无效。

1.3.6　刀具功能

选择刀具的功能称为刀具功能，也称 T 功能。刀具功能由地址 T 加后缀数字组成。

刀具功能的指定方法有 T 2 位数法、T 4 位数法。通常 T 2 位数法仅用于指定刀具，T 4 位数法可以同时指定刀具和选择刀补（刀具补偿存储器）。目前绝大多数数控车床使用 T 4 位数法。

注意：数控车床刀具功能在使用 T 4 位数法时可以直接指定刀号与刀补，这时 T 代码的前两位用于指定刀号，后两位用于选择刀具补偿存储器。例如，T0104 指定的是 1 号刀具，而该刀具选择的是 4 号刀具补偿存储器的值，如图 1-105 所示。

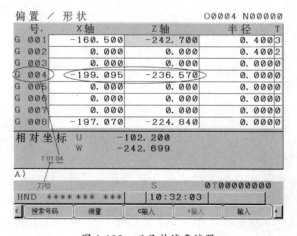

图 1-105　刀具补偿存储器

1.4 G 代码

1.4.1 数控车床编程的主要特点

（1）在数控车床编程中，作为刀具移动量的指定方法有绝对式编程和增量式编程两种。绝对 / 增量尺寸的选择采用变地址格式，其中地址 X、Z 代表绝对值，地址 U、W 代表增量值。在这种格式下，一个程序段中通常允许绝对与增量混用。例如，指令 G00 X100 W45，代表 X 轴为绝对值 100，Z 轴为增量值 45。

（2）在数控车床上，X 轴通常采用直径编程方式，以减少编程中的计算工作量，使程序更直观。直径编程方式对绝对 / 增量尺寸同样有效。

（3）为了适应加工的需要，对于常见的车削加工动作循环，可以采用数控系统本身具备的固定循环功能，以简化编程。

（4）为了提高车削表面的加工精度，在数控车床上一般可以采用线速度恒定控制功能（G96，后续介绍）。当线速度恒定控制生效时，S 代码代表的是主轴线速度，而主轴转速根据工件的半径能自动改变，以保证线速度不变。

（5）为了简化程序编写中的计算工作量，使程序中的切削参数尽可能直观，在数控车床上，进给速度通常使用主轴每转进给（G99）指令进行编程。

（6）数控车床的刀具位置偏置、刀尖半径补偿指令形式及刀具补偿值的输入方式不同于数控铣床（加工中心）。它利用 T 代码在选择刀具的同时，直接选择刀具补偿号；另外，刀具位置偏置号一经指定，刀具偏置即自动生效，无须其他指令。

1.4.2 G 代码案例

1. G00（快速点定位）

G00 X（U）__ Z（W）__；
此指令将刀具从当前位置移动到指令指定的位置（在绝对坐标方式下），或者移动到某个距离处（在增量坐标方式下）。

（1）G00 指令刀具相对于工件以各轴预先设定的速度，从当前位置快速移动到程序段指令的定位目标点。

（2）G00 指令中的快移速度由机床参数"快移进给速度"对各轴分别设定，不能用 F 设定。

（3）G00 一般用于加工前快速定位或加工后快速退刀。快移进给速度可由面板上的快速进给倍率按钮 0%、25%、50%、100% 修正。

（4）在执行 G00 指令时，由于各轴以各自速度移动，不能保证各轴同时到达终点，所以联动直线轴的合成轨迹不一定是直线。因此必须格外小心，以免刀具与工件发生碰撞。

（5）G00 为模态代码，可由 G01、G02、G03 或 G32 注销。

2. G01（直线插补）

在数控机床的运动控制中，工作台（刀具）的运动轨迹是具有极小台阶所组成的折线（数据点密化），如图 1-106 和图 1-107 所示。用数控车床分别加工直线和曲线 AB，刀具沿 Z 轴移动一步或几步（一个或几个脉冲当量 Δz），再沿 X 轴移动一步或几步（一个或几个脉冲当量 Δx），直至到达目标点，从而合成所需的运动轨迹（直线或曲线）。数控系统根据给定的直线、圆弧（曲线）函数，在理想轨迹上的已知点之间，进行数据点密化，确定一些中间点的方法，称为插补。

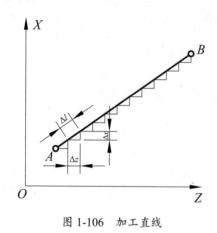

图 1-106　加工直线

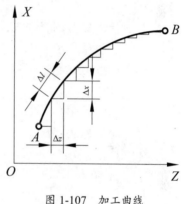

图 1-107　加工曲线

G01 X（U）__ Z（W）__ F __；

直线插补以直线方式和指令给定的移动速率，从当前位置移动到指令指定的终点位置。

式中，X、Z：要求移动到位置的绝对坐标值。

U、W：要求移动到位置的增量坐标值。

（1）F：合成进给速度，G01 指令刀具以联动的方式，按 F 规定的合成进给速度，从当前位置按线性路线（联动直线轴的合成轨迹为直线）移动到程序段指令的终点位置。

（2）F 中指定的进给速度一直有效，除非指定新值，因此不必对每个程序段都指定 F。

（3）G01 为模态代码，可由 G00、G02、G03 或 G32 注销。

G00、G01加工举例。如图1-108所示，精加工零件外圆，走刀速度为0.1mm/r，快速回到起刀点，试进行程序编写。

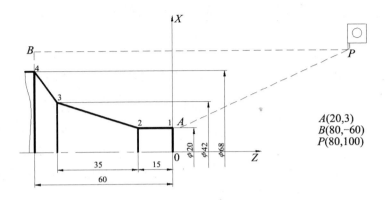

$A(20,3)$
$B(80,-60)$
$P(80,100)$

图1-108　G00、G01加工举例示意图

采用绝对编程方式，程序如下：

…

G00 X20 Z3;	（由起点 P 快速进刀至加工起点 A）
G01 Z-15 F0.1;	（直线插补，进给速度为0.1mm/r）
X42 Z-50;	（同上）
X68 Z-60;	（同上）
G00 X80;	（快速退刀至 B 点）
Z100;	（快速退刀至 P 点）

…

3. G02、G03（圆弧插补）

G02/G03 X(U)_ Z(W)_ I_ K_ F_;

或　G02/G03 X(U)_ Z(W)_ R_ F_;

式中，X、Z：绝对方式编程时，圆弧终点在工件坐标系中的坐标。

U、W：增量方式编程时，圆弧终点相对于圆弧起点的位移量。

I、K：圆心相对于圆弧起点的增加量，即等于圆心的坐标减圆弧起点的坐标，如图1-109所示，$I=(x-x_1)$；$K=(z-z_1)$。无论用绝对方式还是增量方式编程，都以增量方式指定；在直径、半径编程时 I 都表示半径值。

R：圆弧半径。当切削圆弧小于180°时，$R>0$；当切削圆弧大于180°时（数控车床不用），$R<0$。

F：被编程两个轴的合成进给速度。

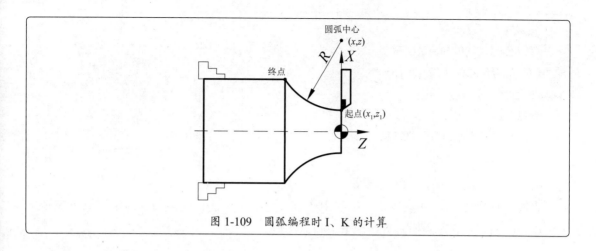

图 1-109　圆弧编程时 I、K 的计算

（1）判断顺时针或逆时针的方法是：迎着垂直于圆弧所在平面的坐标轴的正方向向负方向看，顺时针为 G02，逆时针为 G03，如图 1-110 所示。

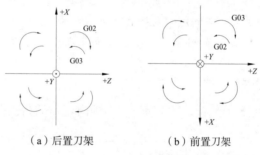

（a）后置刀架　　　　　（b）前置刀架

图 1-110　G02 与 G03 的判别

（2）同时编入 R 与 I、K 时，R 有效。

如图 1-111 所示，精加工零件圆弧部分，走刀速度为 0.15mm/r，试进行程序编写。

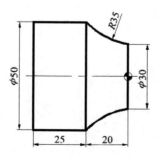

图 1-111　G02、G03 加工举例示意图

绝对坐标系程序：

G02 X50. Z-20. I35. K0. F0.15；

或　G02 X50. Z-20. R35. F0.15；

增量坐标系程序：

G02 U15. W-20. I35. K0. F0.15；

或　G02 U15. W-20. R35. F0.15；

4．G01（自动倒角、倒圆角编程）

直线插补代码 G01 在数控车床编程中还有一种特殊用途：倒角和倒圆角。倒角控制功能可以在两相邻轨迹之间插入直线倒角或圆弧倒角。

（1）倒角。

①45°（直角处）倒角。由轴向切削向端面切削倒角，即由 Z 轴向 X 轴倒角。

　G01 Z(W)__ I(C)±i F__；

式中，Z：夹倒角的两条直线延长线交点的绝对坐标。

W：夹倒角的两条直线延长线交点的增量坐标。

i 的正负由倒角向 X 轴正向还是负向确定，如图 1-112（a）所示。

②45°（直角处）倒角。由端面切削向轴向切削倒角，即由 X 轴向 Z 轴倒角。

　G01X(U)__ K(C)±k；

式中，X：夹倒角的两条直线延长线交点的绝对坐标。

U：夹倒角的两条直线延长线交点的增量坐标。

k 的正负由倒角向 Z 轴正向还是负向确定，如图 1-112（b）所示。

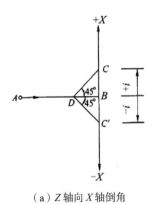

（a）Z 轴向 X 轴倒角

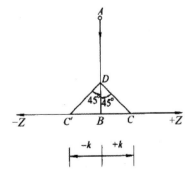

（b）X 轴向 Z 轴倒角

图 1-112　45°倒角

示例

如图 1-113 所示，进行 45° 倒角。两个倒角处的进刀方向判断见图 1-114 中画圆圈处。

程序：

G01Z-20. I4. F0.2；

X50. K-2.；

Z-30.；

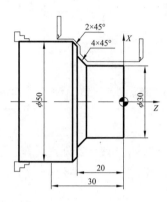

图 1-113　45° 倒角示例图

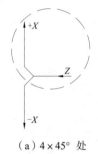

（a）4×45° 处

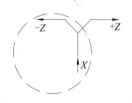

（b）2×45° 处

图 1-114　45° 倒角进刀方向判断

③任意角度处倒角（包含 45° 倒角）。

 格式

G01 X(U)__ Z(W)__,C__ F__；

式中，X、Z：夹倒角的两条直线延长线交点的绝对坐标。

U、W：夹倒角的两条直线延长线交点的增量坐标。

C：从假想交叉点到倒角起点和倒角终点的距离。

 示例 1

如图 1-115 所示，进行任意角度（45° ）处倒角。

程序：

G01Z-20. ,C4. F0.2；

X50. ,C2.；

Z-30.；

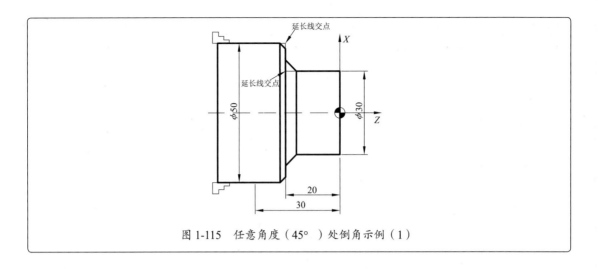

图 1-115　任意角度（45°）处倒角示例（1）

 示例2　　如图 1-116 所示，由直线 N2 向直线 N1 进行任意角度处倒角。由图可知起点坐标 X 为 110mm（55×2），交点处的 X 坐标为 24mm（12×2）。

程序：

G00X110. Z45.

G01X24. Z25. ,C10. F0.2；

Z0；

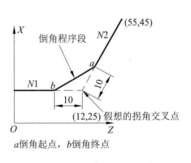

a 倒角起点，b 倒角终点

图 1-116　任意角度处倒角示例（2）

（2）倒圆角。

① 45°（直角处）倒圆角。由轴向切削向端面切削倒圆角，即由 Z 轴向 X 轴倒圆角。

 格式　　G01 Z(W)＿ ,R ＿ ＿ F＿；

式中，Z：夹倒圆角的两条直线延长线交点的绝对坐标。

W：夹倒圆角的两条直线延长线交点的增量坐标。

R：圆角半径，圆弧倒角情况如图 1-117（a）所示。

② 45°（直角处）倒圆角。由端面切削向轴向切削倒圆角，即由 X 轴向 Z 轴倒圆角。

格式

G01X(U)___,R＿＿;

式中，X：夹倒圆角的两条直线延长线交点的绝对坐标。

U：夹倒圆角的两条直线延长线交点的增量坐标。

R：圆角半径，圆弧倒角情况如图 1-117（b）所示。

（a）Z 轴向 X 轴倒圆角　　　　　　　　　　　（b）X 轴向 Z 轴倒圆角

图 1-117　45°（直角处）倒圆角

 示例

如图 1-118 所示，进行 45° 倒圆角。两个倒圆角处的进刀方向判断见图 1-119 中画圆圈处。

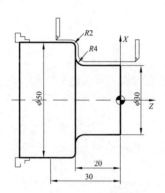

图 1-118　45° 倒圆角示例

　　　　　　　　　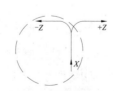

（a）R4 处　　　　　　　　　　　　　　　　　（b）R2 处

图 1-119　45° 倒圆角进刀方向判断

程序：

G01Z-20. ,R4. F0.2;

X50.,R2.;

Z-30.;

③任意角度处倒圆角（包含 45° 倒角）。

 格式

G01 X(U)__ Z(W)__ ,R__ F__；

 示例

如图 1-120 所示，由直线 N2 向直线 N1 进行任意角度处倒圆角。

程序：

G00X110. Z40.；

G01X20. Z25. ,R10. F0.2；

Z0.；

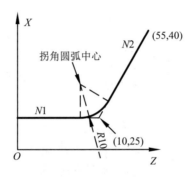

图 1-120　任意角度处倒圆角示例

 提示

"，C" "，R" 中的逗号 "，" 在倒角、倒圆角时需要与否，可由机床参数来设定。

5. G04（暂停）

利用暂停指令，可以推迟下一个程序段的执行，推迟时间为指令的时间。

 格式

G04 X__（单位：秒）；

G04 U__（单位：秒）；

或　G04 P__（单位：毫秒）；

指令范围为 0.001 ～ 99999.999 秒。

 示例

G04 X1.0；（暂停 1 秒）

G04 P1000；（暂停 1 秒）

可用于切槽、台阶端面等需要刀具在加工表面有短暂停留的场合。

6. G32、G92（螺纹切削）

数控车床在螺纹切削加工方面可以进行圆柱面螺纹、圆锥面螺纹、端面螺纹切削，如图 1-121（a）、图 1-121（b）、图 1-121（c）所示。尤其重要的是，加工特殊螺距的螺纹、变螺距的螺纹，如图 1-121（d）所示，是数控车床的独特之处。螺纹加工编程指令可分为如下几种。

单段车削螺纹加工指令（G32）：该指令加工螺纹实现的是一刀切削，在加工螺纹时进刀、退刀使用 G00 或 G01 指令控制，由操作者编程给定。

单一循环车削螺纹指令（G92）：该指令可实现螺纹加工的切入—切削—退刀—返回一系列动作，无须 G00、G01 指令控制加工时的进刀、退刀，切削完毕后刀具自动返回螺纹加工的起刀点。

复合循环车削螺纹指令（G76）：后续介绍。

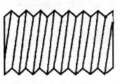 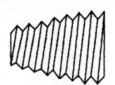 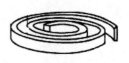

（a）圆柱面螺纹　　　　　（b）圆锥面螺纹　　　　　（c）端面螺纹

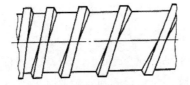

（d）变螺距的螺纹

图 1-121　数控车床可加工的螺纹

　　　　圆柱面：G32 X _ Z _ F _ ；
　　　　　　　　G92 X _ Z _ F _ ；（循环指令）
　　式中，X、Z：终点坐标。
　　　　　　F：Z 轴方向的螺纹导程。

　　　　圆锥面：G32 X _ Z _ F _ ；
　　　　　　　　G92 X _ Z _ R _ F _ ；
　　式中，X、Z：终点坐标。
　　　　　　F：Z 轴方向的螺纹导程。
　　　　　　R：圆锥面起点与终点的半径差。R 的数值符号与刀具轨迹之间的关系如图 1-122 所示。

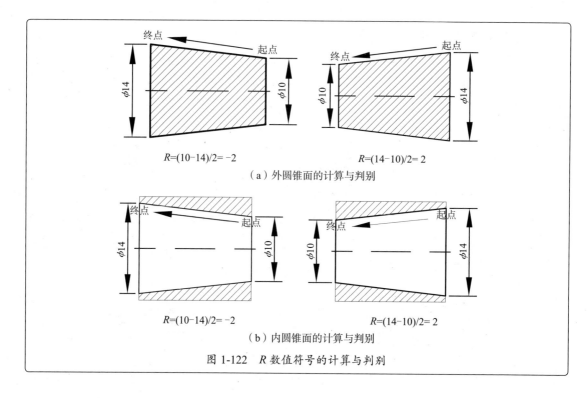

$R=(10-14)/2=-2$ $R=(14-10)/2=2$

（a）外圆锥面的计算与判别

$R=(10-14)/2=-2$ $R=(14-10)/2=2$

（b）内圆锥面的计算与判别

图 1-122 R 数值符号的计算与判别

（1）主轴转速：不应过高，尤其在加工大导程的螺纹时，过高的转速会使进给速度太快，从而引起机床不正常，推荐的主轴转速为

主轴转速（r/min）≤1200/ 导程

但在具体操作中还应结合工件材料、刀具及机床结构来设置主轴转速。

（2）进刀方式。

在数控车床上，加工螺纹的进刀方式通常有直进式和斜进式两种，如图 1-123 所示。直进式一般用于螺距或导程小于 3mm 的螺纹加工；斜进式是指刀具单侧刃加工，以减轻负载，一般用于螺距或导程大于 3mm 的螺纹加工。螺纹的加工遵循后一刀背吃刀量不能超过前一刀背吃刀量的原则，其分配方式有常量式进刀（每次进刀的背吃刀量相同，见图 1-124）和递减式进刀（每次进刀的背吃刀量由大变小，见图 1-125）。

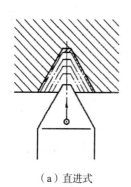

（a）直进式   （b）斜进式

图 1-123   加工螺纹进刀方式

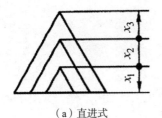

（a）直进式　　　　　　　　　　（b）斜进式

图 1-124　常量式进刀（$x_1=x_2=x_3$）

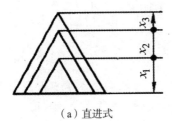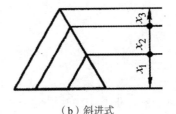

（a）直进式　　　　　　　　　　（b）斜进式

图 1-125　递减式进刀（$x_1>x_2>x_3$）

（3）螺纹牙型高度：车削螺纹时，车刀的背吃刀量即牙型高度，指螺纹牙型上顶到牙底之间的垂直距离，如图 1-126 所示。普通螺纹的理论牙型高度设为 H，在实际加工时，由于螺纹车刀刀尖半径的影响，螺纹实际牙型高度有变化。根据国家标准规定，螺纹车刀可在牙底最小削平高度 $H/8$ 处削平或倒圆。螺纹实际牙型高度（h）可按下式计算：

$$h = H - 2（H/8）= 0.6495P$$

式中，H：普通螺纹的理论牙型高度，$H=0.866P$。

P：螺纹的螺距（单位为 mm）。

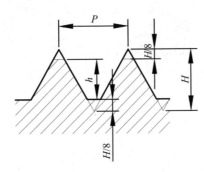

图 1-126　普通三角螺纹牙型高度

 ①螺纹加工时，数控系统一般都将主轴编码器的零点作为螺纹加工起点，因此为了保证螺纹的加工长度，在编程时应将螺纹的加工行程适当延长，并将起点选择在适当离开工件的位置上，即要有一定的切入段 Z_1 和切出段 Z_2，如图 1-127 所示，通常 Z_1、Z_2 按下式计算。

$$Z_1 \geqslant 2P_n$$
$$Z_2 \geqslant 0.5P_n$$

式中，P_n 为螺纹导程（单位为 mm）。

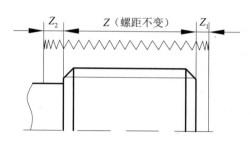

图 1-127　螺纹的切入段和切出段

②一般来说，螺纹切削需要经过多次加工才能完成，每次的切入量应按照一定的比例逐次递减，并使最终切深与螺纹的牙深相一致。在这种情况下，需要多次执行螺纹加工指令，编程时必须注意：除 X 轴向尺寸外，螺纹的 Z 轴向加工起点、加工轨迹都不能改变，主轴转速必须保持一致。

③螺纹切削时，进给速度取决于主轴转速与螺纹导程，在 G01（G02、G03）中编程的模态 F 值在螺纹加工时暂时无效。同时在螺纹加工时，数控系统的"进给停止"信号也不能使机床的运动立即停止。

④为了保证螺纹导程的正确，螺纹加工时，控制面板上的"主轴倍率""进给倍率"调节都无效，它们都将被固定在 100% 上。同样，"线速度恒定控制"功能对螺纹加工也无效。

圆柱面螺纹加工。

图 1-128 所示的普通圆柱面三角螺纹加工，当工件坐标系选择图示位置时，其螺纹加工程序如下（采用直径编程）。螺纹尺寸代号及进刀量计算表如表 1-5 所示。

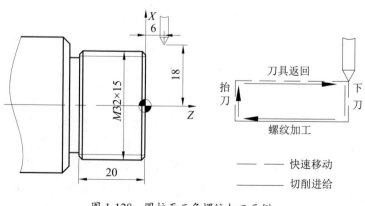

图 1-128　圆柱面三角螺纹加工示例

由于 $M32 \times 1.5$ 螺纹的牙深查表为 0.974mm（半径），程序中分 4 次切入，切入量（半径）分别为 0.4mm、0.3mm、0.2mm 和 0.08mm。

表 1-5 螺纹尺寸代号及进刀量计算表

米制螺纹							
螺距	1.0	1.5	2	2.5	3	3.5	4
牙深（半径量）	0.649	0.974	1.299	1.624	1.949	2.273	2.598
切削次数及吃刀量（直径量） 1 次	0.7	0.8	0.9	1.0	1.2	1.5	1.5
2 次	0.4	0.6	0.6	0.7	0.7	0.7	0.8
3 次	0.2	0.4	0.6	0.6	0.6	0.6	0.6
4 次		0.16	0.4	0.4	0.4	0.6	0.6
5 次			0.1	0.4	0.4	0.4	0.4
6 次				0.15	0.4	0.4	0.4
7 次					0.2	0.2	0.4
8 次						0.15	0.3
9 次							0.2
英制螺纹							
牙 /in	24	18	16	14	12	10	8
牙深（半径量）	0.678	0.904	1.016	1.162	1.355	1.626	2.033
切削次数及吃刀量（直径量） 1 次	0.8	0.8	0.8	0.8	0.9	1.0	1.2
2 次	0.4	0.6	0.6	0.6	0.6	0.7	0.7
3 次	0.16	0.3	0.5	0.5	0.6	0.6	0.6
4 次		0.11	0.14	0.3	0.4	0.4	0.5
5 次				0.13	0.21	0.4	0.5
6 次						0.16	0.4
7 次							0.17

用 G32 指令编程如下。

O0001；	（程序号）
T0101；	（转换刀具同时系统设置工件坐标系）
S400 M03；	（主轴转速、转向）
G00 X36 Z6；	（刀具运动到螺纹加工起点）
X31.2；	（第 1 次下刀，X 轴向切入 0.8mm）
G32 Z-22 F1.5；	（第 1 次螺纹切削加工）
G00 X36；	（X 轴向退刀）
Z6；	（Z 轴向退到螺纹加工起点）
X30.6；	（第 2 次下刀，X 轴向再切入 0.6mm）
G32 Z-22 F1.5；	（第 2 次螺纹切削加工）
G00 X36；	（X 轴向退刀）
Z6；	（Z 轴向退到螺纹加工起点）
X30.2；	（第 3 次下刀，X 轴向再切入 0.4mm）
G32 Z-22 F1.5；	（第 3 次螺纹切削加工）
G00 X36；	（X 轴向退刀）
Z6；	（Z 轴向退到螺纹加工起点）

X30.04；	（第 4 次下刀，X 轴向再切入 0.16mm）
G32 Z-22 F1.5；	（第 4 次螺纹切削加工）
G00 X36；	（X 轴向退刀）
Z6；	（Z 轴向退到螺纹加工起点）
X50 Z80；	（刀具远离）
M30；	（程序结束）

用 G92 指令编程如下。

O0001；	（程序号）
T0101；	（转换刀具同时系统设置工件坐标系）
S400 M03；	（主轴转速、转向）
G00 X36 Z6；	（刀具移动到螺纹加工起点）
G92 X31.2 Z-22 F1.5；	（X 轴向切入 0.8mm，第 1 次螺纹加工，刀具自动返回起点）
X30.6	（X 轴向再切入 0.6mm，第 2 次螺纹加工，刀具自动返回起点）
X30.2	（X 轴向再切入 0.4mm，第 3 次螺纹加工，刀具自动返回起点）
X30.04	（X 轴向再切入 0.16mm，第 4 次螺纹次加工，刀具自动返回起点）
G00 X50 Z80；	（刀具远离）
M30；	（程序结束）

 圆锥面螺纹加工。

图 1-129 所示的普通圆锥面三角螺纹加工，螺纹螺距为 1.5mm，加工起点坐标 A（26.5，6），终点坐标 B（32.5，-21.5），当工件坐标系选择如图示位置时，其螺纹加工程序如下（采用直径编程）。

由于 1.5mm 螺纹的牙深查表为 0.974mm（半径），程序中分 4 次切入，切入量（半径）分别为 0.4mm、0.3mm、0.2mm 和 0.08mm。

$$R=(26.5 - 32.5)/2 = -3$$

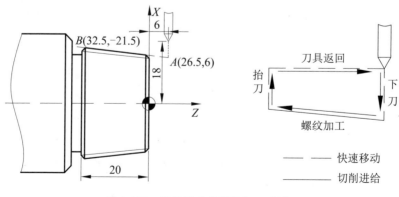

图 1-129　圆锥面三角螺纹加工示例

用 G32 指令编程如下。

O0011;	（程序号）
T0101;	（转换刀具同时系统设置工件坐标系）
S400 M03;	（主轴转速、转向）
G00 X36 Z6;	（刀具运动到螺纹加工起点）
X25.7;	（第 1 次下刀，X 轴向切入 0.8mm）
G32 X31.7 Z-21.5 F1.5;	（第 1 次锥螺纹切削加工）
G00 X36;	（X 轴向退刀）
Z6;	（Z 轴向退到螺纹加工起点）
X25.1;	（第 2 次下刀，X 轴向再切入 0.6mm）
G32 X31.1 Z-21.5 F1.5;	（第 2 次锥螺纹切削加工）
G00 X36;	（X 轴向退刀）
Z6;	（Z 轴向退到螺纹加工起点）
X24.7;	（第 3 次下刀，X 轴向再切入 0.4mm）
G32 X30.7 Z-21.5 F1.5;	（第 3 次锥螺纹切削加工）
G00 X36;	（X 轴向退刀）
Z6;	（Z 轴向退到螺纹加工起点）
X24.54;	（第 4 次下刀，X 轴向再切入 0.16mm）
G32 X30.54 Z-21.5 F1.5;	（第 4 次锥螺纹切削加工）
G00 X36;	（X 轴向退刀）
Z6;	（Z 轴向退到螺纹加工起点）
X50 Z80;	（刀具远离）
M30;	（程序结束）

用 G92 指令编程如下。

O0012;	（程序号）
T0101;	（转换刀具同时系统设置工件坐标系）
S400 M03;	（主轴转速、转向）
G00 X36 Z6;	（刀具移动到螺纹加工起点）
G92 X31.7 Z-21.5 R-2 F1.5;	（X 轴向切入 0.8mm，第 1 次锥螺纹加工，刀具自动返回起点）
X31.1	（X 轴向再切入 0.6mm，第 2 次锥螺纹加工，刀具自动返回起点）
X30.7	（X 轴向再切入 0.4mm，第 3 次锥螺纹加工，刀具自动返回起点）
X30.54	（X 轴向再切入 0.16mm，第 4 次锥螺纹加工，刀具自动返回起点）

G00 X50 Z80;   （刀具远离）

M30;   （程序结束）

7．G40/G41/G42（刀尖半径补偿取消/左补偿/右补偿）

为了方便编程，数控加工时通常将车刀刀尖作为一个点来考虑，如图 1-130（a）所示，该点即理想刀尖点。但实际切削时为了提高刀尖强度，降低加工表面粗糙度，将刀尖处都磨成圆弧角，如图 1-130（b）所示。当用按理想刀尖点编写的程序进行端面、外径、内径等与轴线平行或垂直的表面加工时，是不会产生误差的。但在进行倒角、锥面及圆弧切削时，则会产生少切或过切现象，如图 1-131 所示。具有刀尖圆弧自动补偿功能的数控系统能根据刀尖圆弧半径计算补偿量，避免少切或过切现象的产生，如图 1-132 所示。

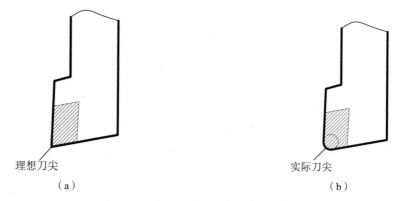

理想刀尖   实际刀尖

（a）   （b）

图 1-130　车刀刀尖的理想与实际示意图

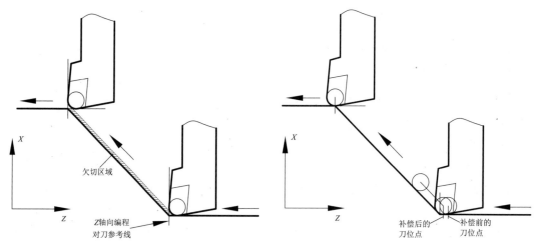

图 1-131　无补偿时的加工示意图   图 1-132　有补偿时的加工示意图

刀尖圆弧半径补偿功能通过 G41、G42 指令，结合刀具 T 代码指定的刀具偏置补偿号（见图 1-133 中的标注 1），并同时输入刀尖圆弧半径（见图 1-133 中的标注 2）和假想刀尖号（见图 1-133 中的标注 3）来共同建立。取消半径补偿功能则使用 G40 指令。

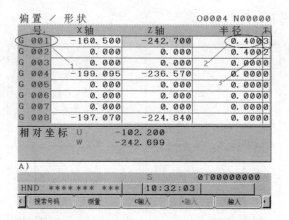

图 1-133　刀具偏置补偿号、刀尖圆弧半径与假想刀尖号

　　G00（或 G01）G41 X _ Z _;

　　G00（或 G01）G42 X _ Z _;

　　G00（或 G01）G40 X _ Z _;

式中，G41：刀尖圆弧半径左补偿。判别方法为顺着刀具运动方向看，刀具
　　　　　　在零件左侧进给，如图 1-110 所示。

　　　　G42：刀尖圆弧半径右补偿。判别方法为顺着刀具运动方向看，刀具
　　　　　　在零件右侧进给，如图 1-134 所示。

　　　　G40：取消刀尖圆弧半径补偿。

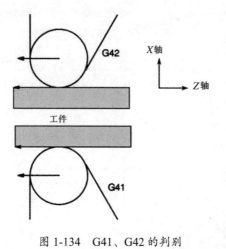

图 1-134　G41、G42 的判别

　　如果刀尖圆弧半径补偿值是负值，则工件方位改变，即 G41 方位变成
G42 方位，G42 方位变成 G41 方位。

假想刀尖方位如图 1-135 所示。

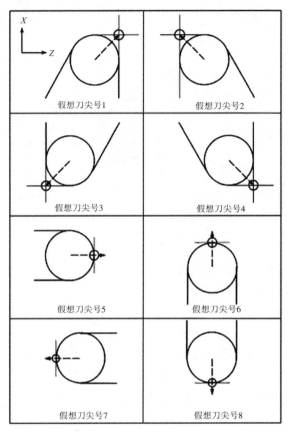

图 1-135　假想刀尖方位

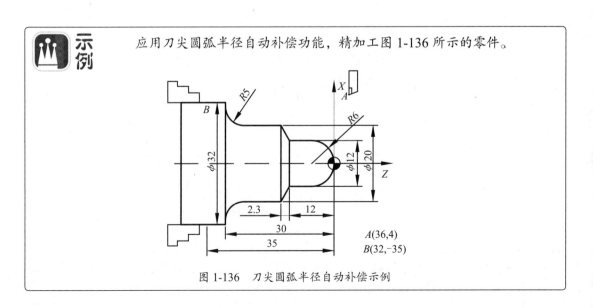

应用刀尖圆弧半径自动补偿功能，精加工图 1-136 所示的零件。

图 1-136　刀尖圆弧半径自动补偿示例

编码如下。

O0020；

T0101；　　　　　　　　（转换刀具同时系统设置工件坐标系）

M03 S1500；

G00 X36 Z4；　　　　　（刀具快速移动到起点）

G42 X0；　　　　　　　（建立刀尖圆弧半径补偿）

G01 Z0 F0.1；

G03 X12 Z-6 R6；

G01 Z-12；

X20 W-2.3；

Z-25；

G02 X30 Z-30 R5；

G01 Z-35；

G40 G00 X36；　　　　（取消刀尖圆弧半径补偿）

Z50；

M30；

 提示

（1）建立 G41 或 G42 必须和 G00 或 G01 指令一起使用，不允许与 G02/G03 等其他指令结合编程，并且当切削完成后即用 G40 指令取消补偿。

（2）在调用新刀具前或更改刀具补偿方向时，必须先取消刀具补偿，目的是避免产生加工误差。

（3）当工件有锥度、圆弧等需要建立圆弧半径补偿才能加工的形状时，必须在刀具切入工件前的程序段中建立圆弧半径补偿指令。

（4）在刀具补偿参数设定页面的刀尖半径处，必须填入该刀具的刀尖半径值，系统则会自动计算应该移动的补偿量，作为刀尖半径补偿的依据。

（5）在刀具补偿参数设定页面的假想刀尖方位处，必须填入该刀具的假想刀尖方位号，作为刀尖半径补偿的方位依据。

（6）一旦指令了刀尖半径补偿 G41 或 G42 后，刀具路径必须是单向递增或单向递减，如 G42 指令后刀具路径向 Z 轴负方向切削，就不允许向 Z 轴正方向移动；若必须向 Z 轴正方向移动，在移动前必须用 G40 取消刀尖半径补偿。

（7）建立刀尖半径补偿后，在 Z 轴的切削移动量必须大于其刀尖半径值（若刀尖半径为 0.4mm，则 Z 轴移动量必须大于 0.4mm）；在 X 轴的切削移动量必须大于 2 倍刀尖半径值（如刀尖半径为 0.4mm，则 X 轴移动量必须大于 0.8mm），这是因为 X 轴使用直径值编程。

8. G70 ～ G76（多重复合固定循环）

固定循环实质上是指数控系统生产商针对数控机床的常见加工动作过程，按规定的动作次序，以子程序形式设计的固定指令集合。这些子程序可以通过一个 G 代码指令直接调用，用来调用固定循环的 G 代码指令称为固定循环指令。固定循环的基本动作由固定循环指令选择，每个不同的固定循环指令（G 代码指令）都对应不同的加工动作循环。在数控车床上，常用的固定循环指令有 G70 ～ G76、G90、G92、G94 等。

利用复合固定循环指令，只需要对零件的轮廓定义，即可完成从粗加工到精加工的全过程。因此通过固定循环指令，可以大大减少编程的工作量，简化程序，使程序更加简单、明了，而且加工时空行程少，可以提高加工生产率。

（1）G71（内、外圆粗车复合固定循环）。

内、外圆粗车复合固定循环指令，主要通过与 Z 轴平行的运动来实现，适用于以毛坯为圆柱棒料，需要多次走刀才能完成的轴套类零件的内、外圆柱面粗加工。

 格式

G71 U(Δd)R(e)；

G71 P(ns)Q(nf)U(Δu)W(Δw)F(f)；

N(ns)…；

…

N(nf)…；

式中，Δd：每次切削深度（半径值）。切削方向决定于 $A'A$ 方向。

e：每次退刀量。

ns：精加工第一个程序段的程序段号。

nf：精加工最后一个程序段的程序段号。

Δu：X 轴向精加工余量（直径值）。

Δw：Z 轴向精加工余量。

f：粗加工循环进给速度。

G71 走刀轨迹如图 1-137 所示，切削时进刀轨迹平行于 Z 轴。

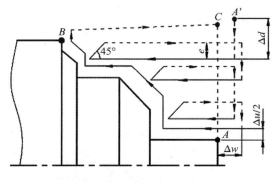

图 1-137　G71 走刀轨迹

①编程时 Δu、Δw 精加工余量的符号判别如图 1-138 所示。

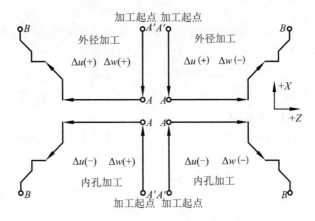

图 1-138　精加工余量的符号判别

②由循环起点 A' 到点 A 在编程时只能用 G00 或 G01 指令，且不能有 Z 轴方向移动指令。

③在使用 G71 进行粗加工时，只有含在 G71 指令程序段中的 F 功能才有效，而包含在 ns ～ nf 程序段中的 F 功能即使被指定，对粗加工循环也无效，只对精加工循环有效。粗加工循环可以进行刀具补偿。

④编程时 A 至 B 的刀具轨迹在 X 轴、Z 轴方向必须单调增加（递增）或单调减小（递减）。

⑤在顺序号 ns ～ nf 程序段中，恒线速功能无效。

⑥在顺序号 ns ～ nf 程序段中，不能调用子程序。

⑦在顺序号 ns ～ nf 程序段中，不能使用"倒角、拐角 R"的程序。

如图 1-139 所示，已知毛坯为 $\phi35$ 圆柱形棒料，切削用量：粗加工背吃刀量为 2mm，退刀量为 0.5mm，进给量为 0.2mm/r，主轴转速为 800r/min。精加工余量在 X 轴方向为 0.3mm（直径值），Z 轴方向为 0.05mm，试用 G71 指令进行编程。

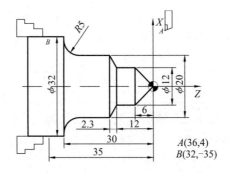

图 1-139　G71 加工示例

编程如下：

O0030；

T0101；　　　　　　　（转换粗加工刀具，同时系统设置工件坐标系）

M03 S800；

G00 X36 Z4；　　　（刀具快速移动到加工起点）

G71 U2 R0.5；　　　（粗加工循环指令）

G71 P10 Q20 U0.3 W0.05 F0.2；

N10 G00 G42 X0；　（精加工循环起始，并建立刀尖圆弧补偿）

G01 Z0 F0.1；

X12 Z-6；

Z-12；

X20 W-2.3；

Z-25；

G02 X30 W-5 R5；

G01 X32

Z-35；

N20 G40 X36；　　　（精加工循环结束，并取消刀尖圆弧补偿）

G00 X50 Z80；　　　（退刀）

M30；

（2）G70（精车复合固定循环）。

G70 用于使用 G71、G72、G73 粗加工完成后，切除余下的精加工余量。

　　　　　G70 P(ns)Q(nf)；

格式　式中，ns、nf 与 G71 中相同。

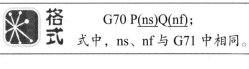

提示　①G70 不能单独使用，只能配合 G71、G72、G73 指令来完成零件的精加工，即当用 G71、G72、G73 指令粗车工件后，用 G70 来切除粗加工留下的余量。

　　②此时 G71、G72、G73 程序段中的 F 功能都无效，只有在 ns ～ nf 程序段中的 F 功能才有效。如果在 ns ～ nf 程序段中没指定 F 功能，系统将延续粗车循环中的 F 功能。

示例　以图 1-139 所示为例进行精加工编程。

　　编程如下：

　　O0030；

　　T0101；

```
M03 S800;
G00 X36 Z4;
G71 U2 R0.5;
G71 P10 Q20 U0.3 W0.05 F0.2;
N10 G00 G42 X0;
G01 Z0 F0.1;
…
N20 G40 X36;
G00 X50 Z80;
T0202;          (转换精加工刀具，同时系统设置工件坐标系)
G00 X36 Z4;      (刀具快速移动到精加工循环起点)
M03 S1200;
G70 P10 Q20;     (精加工循环指令)
G00 X50 Z80;
M30;
```

（3）G72（端面粗车复合循环）。

端面粗车复合循环 G72 指令用于 X 轴方向尺寸较大而 Z 轴方向尺寸较小，毛坯为圆柱棒料的盘类零件粗加工。

G72 W(Δd)R(e);
G72 P(ns)Q(nf)U(Δu)W(Δw)F(f);
N(ns)…;
…
N(nf)…;
式中，Δd：背吃刀量（Z 轴方向值），不带符号。切削方向决定于 A′A 方向。
其他字母符号介绍与 G71 中相同。

G72 走刀轨迹如图 1-140 所示，切削时进刀轨迹平行于 X 轴。

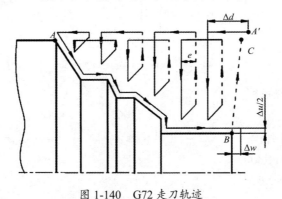

图 1-140　G72 走刀轨迹

①编程时 Δu、Δw 精加工余量的符号判别如图 1-141 所示。

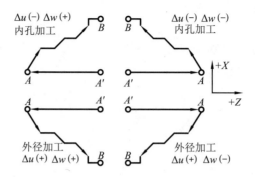

图 1-141　精加工余量的符号判别

②由循环起点 A' 到 A 点在编程时只能用 G00 或 G01 指令，且不能有 X 轴方向移动指令。

③其他字母符号介绍与 G71 中相同。

如图 1-142 所示，已知毛坯为 $\phi 60$ 圆柱形棒料，切削用量：粗车背吃刀量为 2mm（Z 轴方向），退刀量为 0.5mm，进给量为 0.2mm/r，主轴转速为 800r/min。精加工余量在 X 轴方向为 0.3mm（直径值），Z 轴方向为 0.05mm，试用 G72 指令进行编程。

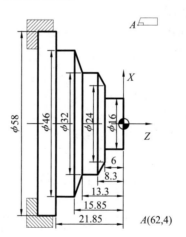

图 1-142　G72 加工示例

编程如下：

O0040;

T0101;　　　　　（转换粗加工刀具，同时系统设置工件坐标系）

M03 S800;

G00 X62 Z4;　　　（刀具快速移动到加工起点）

```
G72 W2 R0.5;                    （粗加工循环指令）
G72 P10 Q20 U0.3 W0.05 F0.2;
N10 G00 G42 Z-21.85;            （精加工循环开始，并建立刀尖圆弧补偿）
G01 X46 F0.1;
Z-15.85;
X32 Z-13.3;
Z-8.3;
X24 Z-6;
X16;
Z0;
X0;
N20 G40 Z4;                     （精加工循环结束，并取消刀尖圆弧补偿）
G00 X80 Z80;                    （退刀）
T0202;                          （转换精加工刀具，同时系统设置工件坐标系）
G00 X62 Z4;                     （刀具快速移动到精加工循环起点）
M03 S1200;
G70 P10 Q20;                    （精加工循环指令）
G00 X80 Z80;
M30;
```

（4）G73（仿形粗车复合固定循环）。

仿形粗车复合固定循环是指按照一定的切削形状逐渐接近最终的形状，因此适用于毛坯轮廓形状与零件轮廓形状基本相似零件的粗车加工。这种加工方式对于铸造或锻造毛坯的粗车来说是一种效率很高的方法。

格式

G73 U(Δi)W(Δk)R(d);
G73 P(ns)Q(nf)U(Δu)W(Δw)F(f);
N(ns)…;
…
N(nf)…;

式中，Δi：X 轴方向总退刀距离（即粗车时，X 轴方向需要切除的总余量，半径指定）。

Δk：Z 轴方向总退刀距离（即粗车时，Z 轴方向需要切除的总余量）。

d：粗车循环次数，该值是模态值。

其他字母符号介绍与 G71 中相同。

G73 走刀轨迹如图 1-143 所示，每刀的进给轨迹都是与工件轮廓相同的固定形状。

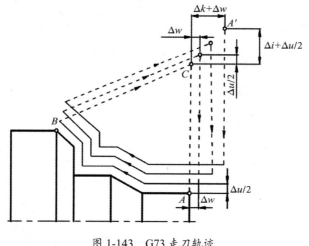

图 1-143　G73 走刀轨迹

---

①总退刀量的计算公式为 [（毛坯 ϕ -工件最小 ϕ ）/2]-1（减 1 是为了少走一空刀）。

② Δu、Δw 精加工余量的符号判别与 G71 相同。

如图 1-144 所示，已知毛坯为 ϕ34 圆柱形棒料，切削用量：进给量为 0.2mm/r，主轴转速为 800r/min，粗车循环次数取 8 次。精加工余量在 X 轴方向为 0.3mm（直径值），Z 轴方向为 0.05mm，试用 G73 指令进行编程。

总退刀量计算公式为 $\Delta i = （34-0）/2 -1 = 16$。

因为毛坯为圆柱棒料而不是锻件、铸件，所以余量较少，Δk 取 0.5。

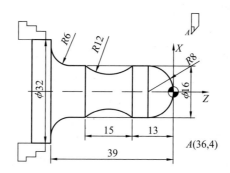

图 1-144　G73 加工示例

编程如下：

O0050;

T0101;　　　　　　　（转换粗加工刀具，同时系统设置工件坐标系）

M03 S800;

```
G00 X36 Z4;              （刀具快速移动到加工起点）
G73 U16 W0.5 R8;         （粗加工循环指令）
G73 P10 Q20 U0.3 W0.05 F0.2;
N10 G00 G42 X0;
G01 Z0;
G03 X16 Z-8 R8;
G01 Z-13;
G02 Z-28 R12;
G01 Z-33;
G02 X28 W-6 R6;
G01 X32;
N20 G40 X34;
G00 X80 Z80;
T0202;                   （转换精加工刀具，同时系统设置工件坐标系）
G00 X34 Z4;              （刀具快速移动到精加工循环起点）
M03 S1200;
G70 P10 Q20;             （精加工循环指令）
G00 X80 Z80;
M30;
```

（5）G74（端面深孔钻削、Z 轴向切槽循环）。

径向（X 轴）进刀循环、轴向断续切削循环：从起点轴向（Z 轴）进给、回退、进给，直至切削到与切削终点 Z 轴坐标相同的位置，然后径向退刀，轴向回退至与起点 Z 轴坐标相同的位置，完成一次轴向切削循环；径向再次进刀后，进行下一次轴向切削循环；切削到切削终点后，返回起点（G74 的起点与终点相同），轴向切槽复合循环完成。G74 的径向进刀和轴向进刀方向由切削终点 X（U）、Z（W）与起点的相对位置决定。G74 指令用于在工件端面加工环形槽或中心深孔，轴向断续切削起到断屑、及时排屑的作用。G74 走刀轨迹如图 1-145 所示。

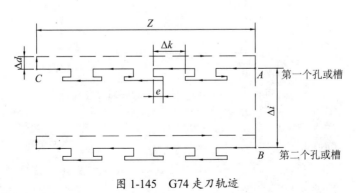

图 1-145 G74 走刀轨迹

G74 R<u>(e)</u>

G74 X(U)Z(W)P(<u>Δi</u>)Q(<u>Δk</u>)R(<u>Δd</u>)F<u>(f)</u>;

式中，e: 退刀量，该值是模态值，由参数指定。

X: *B* 点的绝对坐标值。

U: 从 *A* 至 *B* 的增量坐标值。

Z: *C* 点的绝对坐标值。

W: 从 *A* 至 *C* 的增量坐标值。

Δi: *X* 轴方向的移动量（无符号，直径值，单位为 0.001mm）。

Δk: *Z* 轴方向的移动量（无符号，单位为 0.001mm）。

Δd: 刀具在切削底部的退刀量（根据具体要求定义）。Δd 的符号一定是 +。但如果 X（U）及 Δi 省略，退刀方向可以指定为希望的符号。

f: 进给量。

①如果在 G74 指令中省略 X(U) 和 P(Δi)，则指令变成在 *Z* 轴向上钻单个孔或切单个槽。

②式中 e 和 Δd 都用地址 R 指定，区别的根据为 G74 中是否同时指定地址 X（或 U），如果 X（U）被指令，则地址 R 代表 Δd。循环动作在执行第二条含 X（或 U）的 G74 指令时进行。

用 G74 钻削循环功能加工图 1-146 所示的深孔，已知钻头直径为 $\phi16$，循环起点 *A*（0,4），Δk=3000，e=0.5，f=0.08mm。

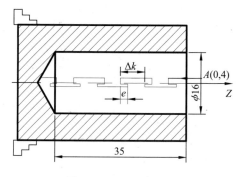

图 1-146　G74 加工示例

编程如下：

O0060；

T0101；　　　（转换加工刀具，同时系统设置工件坐标系）

M03 S500；

```
G00 X0 Z4；          （刀具快速移动到加工起点）
G74 R0.5；           （钻孔加工循环指令）
G74 Z-35 Q3000 F0.08；
G00 Z80；
M30；
```

（6）G75（外经/内径啄式钻孔、X轴向切槽循环）。

轴向（Z轴）进刀循环、轴向断续切削循环：从起点轴向（X轴）进给、回退、进给，直至切削到与切削终点X轴坐标相同的位置，然后轴向退刀，径向回退至与起点X轴坐标相同的位置，完成一次径向切削循环；轴向再次进刀后，进行下一次径向切削循环；切削到切削终点后，返回起点（G75的起点与终点相同），径向切槽复合循环完成。G75的轴向进刀和径向进刀方向由切削终点X（U）、Z（W）与起点的相对位置决定，此指令用于加工径向环形槽或圆柱面，径向断续切削起到断屑、及时排屑的作用。G75走刀轨迹如图1-147所示。

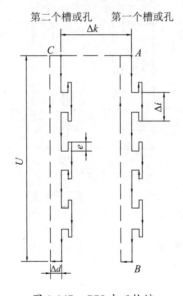

图 1-147　G75 走刀轨迹

G75 R(e)；
G75 X(U)Z(W)P(Δi)Q(Δk)R(Δd)F(f)；
式中，各字母符号介绍与 G74 中相同。

①如果在该指令中省略 Z(W) 和 Q(Δk)，则指令变成在 X 轴向上切单个槽或钻单个孔。

②G74、G75 都可用于切断、切槽或孔加工。

用 G75 切槽循环功能加工图 1-148 所示的排槽，已知切槽刀宽为 3mm，切槽循环起点 A （34,-9），Δi =2000，Δk =9000，e =0.5，f =0.08mm。

编程如下：

O0060；

T0101；　　　　　　　（转换加工刀具，同时系统设置工件坐标系）

M03 S500；

G00 X34 Z-9；　　　　（刀具快速移动到加工起点）

G75 R0.5；　　　　　　（切槽加工循环指令）

G75 X20 Z-36 P2000 Q9000 F0.08；

G00 X60；

Z80；

M30；

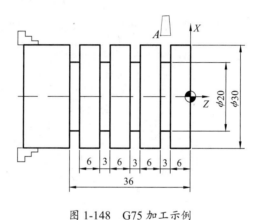

图 1-148　G75 加工示例

（7）G76（螺纹切削复合循环）。

使用复合固定循环车削螺纹加工指令 G76，只需要一个程序段就可以完成整个螺纹的加工。

 G76 P$\underline{m}$ $\underline{r}$ $\underline{a}$ Q$\underline{\Delta dmin}$ R$\underline{d}$；

G76 X(U)___ Z(W)___ R$\underline{i}$ P$\underline{k}$ Q$\underline{\Delta d}$ F$\underline{L}$；

式中，m：最后精加工的重复次数，范围是 $1 \sim 99$。

r：螺纹倒角量。如果把 L 作为导程，在 $0.01 \sim 9.9L$ 范围内，以 $0.1L$ 为一挡，可以用 $00 \sim 99$ 两位数值指定。

a：刀尖的角度（螺纹牙的角度）。可以选择 80°、60°、55°、30°、29°、0° 等 6 种角度。例如，当 m=2，r=1.2L，a=60° 时，P 指令为 P 021260。

Δdmin：最小切深（用半径值指定，单位为 μm）。

d：精加工余量，单位为 mm。

X(U)、Z(W)：螺纹终点绝对坐标或增量坐标，单位为 mm。

i：螺纹部分的半径差，当 $i=0$ 时为直螺纹，单位为 mm。

K：螺纹牙高（X 轴方向的距离，用半径值指令），单位为 μm。

Δd：第一次切入量（半径值），单位为 μm。

F：螺纹导程，单位为 mm。

 提示

①在 G76 循环中，分级切削的进给量是自动改变的，当第一次切入量为 Δd 时，第 n 次的切削量为 $\Delta d \sqrt{n}$，如图 1-149 所示。

②根据改变循环的起点、终点的相对位置不同，G76 循环有 4 种不同的加工轮廓，即进行左旋、右旋、内螺旋和外螺纹的加工。螺纹切削的注意事项与 G32、G92 螺纹切削循环相同。

③在螺纹切削复合循环加工中，当按下进给暂停按钮时，如同在螺纹切削循环终点的倒角一样，刀具立即快速退回，即返回循环的起点；当按下循环启动按钮时，螺纹切削复合循环恢复。

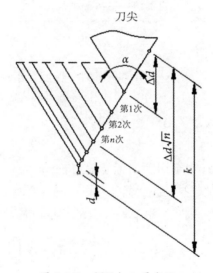

图 1-149　螺纹切入量变化

 示例

如图 1-150 所示的螺纹加工，已知螺纹加工起点坐标 A（36,6），螺距为 3mm，进刀次数查螺纹表可知为 7 刀，如果用 G32、G92 指令来编程就比较麻烦，但用 G76 指令来编程则变得简单。

编程如下：

O0070;

T0101;　　　　　　　　（转换加工刀具，同时系统设置工件坐标系）

M03 S500；
G00 X36 Z6；　　　　　　　（刀具快速移动到加工起点）
G76 P010060 Q100 R0.2；　　（螺纹加工循环）
G76 X28.102 Z-22 P1949 Q1000 F3；
G00 X80 Z80；
M30；

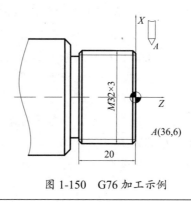

图 1-150　G76 加工示例

9．G90、G94（单一切削循环）

单一切削循环可以完成由"切入—切削—退刀—返回"组成的一个简单循环，在某些粗车等工序加工中，由于切削余量大，所以要在同一个轨迹上重复切削多次，程序较为烦琐，这时可以采用固定循环（包含单一循环）的编程指令和方法。

（1）G90（内、外直径的切削单一循环）。

内、外圆切削单一循环，用于切削加工 Z 轴向较长、X 轴向较短的圆柱面或圆锥面。G90 是模态代码，因此一旦被建立，在后面程序段中一直有效。

①圆柱面切削单一循环。圆柱面切削单一循环走刀轨迹如图 1-151 所示。

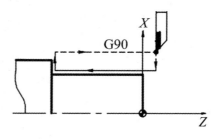

图 1-151　圆柱面切削单一循环走刀轨迹

　格式　　G90 X(U)__Z(W)__F __；
式中，X（U）、Z(W)：圆柱面切削时终点的绝对坐标和增量坐标。
　　　F：进给量。

②圆锥面切削单一循环。圆锥面切削单一循环走刀轨迹如图 1-152 所示。

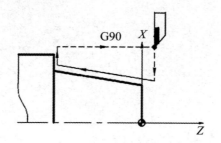

图 1-152　圆锥面切削单一循环走刀轨迹

　　　G90 X(U)__Z(W)__R __F __；

式中，X（U）、Z(W)：圆锥面切削时终点的绝对坐标和增量坐标。

R：圆锥面起点与终点的半径差，有正、负号（参见 G92）。

　　　①用 G90 指令加工图 1-153 所示的圆柱面台阶零件，加工起点坐标 A（42,5）。背吃刀量（单边）为 3mm，进给量为 0.2mm。

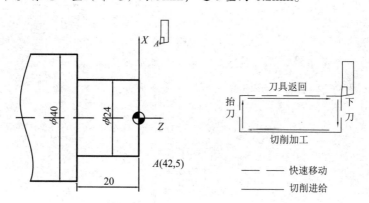

图 1-153　G90 圆柱面切削切削单一循环加工示例

编程如下：

O0100；	（程序号）
T0101；	（转换刀具同时系统设置工件坐标系）
S800 M03；	（主轴转速、转向）
G00 X42 Z5；	（刀具移动到加工起点）
G90 X36 Z-20 F0.2；	（X 轴向切入 6mm，第 1 次切削加工，刀具自动返回起点）
X30	（X 轴向再切入 6mm，第 2 次切削加工，刀具自动返回起点）

X24	（X 轴向再切入 6mm，第 3 次切削加工，刀具自动返回起点）
G00 X50 Z80;	（刀具远离）
M30;	（程序结束）

②用 G90 指令加工图 1-154 所示的圆锥面台阶零件，加工起点坐标 A（42,6）。背吃刀量（单边）为 2mm，进给量为 0.2mm，R=（22.67-28）/2 = -2.66。

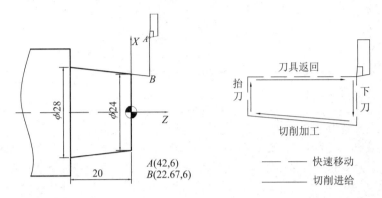

图 1-154　G90 圆锥面切削切削单一循环加工示例

编程如下：

O0200;	（程序号）
T0101;	（转换刀具同时系统设置工件坐标系）
S800 M03;	（主轴转速、转向）
G00 X42 Z6;	（刀具移动到加工起点）
G90 X38 Z-20 R-2.66 F0.2;	（X 轴向切入 4mm，第 1 次切削加工，刀具自动返回起点）
X36	（X 轴向再切入 4mm，第 2 次切削加工，刀具自动返回起点）
X32	（X 轴向再切入 4mm，第 3 次切削加工，刀具自动返回起点）
X28	（X 轴向再切入 4mm，第 4 次切削加工，刀具自动返回起点）
G00 X50 Z80;	（刀具远离）
M30;	（程序结束）

（2）G94（端面车削单一循环）。

端面车削单一循环用于车削直端面或锥端面，用于车削加工 X 轴向较长、Z 轴向较短的圆柱面、端面和圆锥面。G94 是模态代码，因此一旦被建立，在后面程序段中一直有效。

①直端面车削单一循环。直端面车削单一循环走刀轨迹如图 1-155 所示。

 格式　　G94 X(U)__Z(W)__F __;
式中，X（U）、Z(W)：直端面车削时终点的绝对坐标和增量坐标。
　　　　F：进给量。

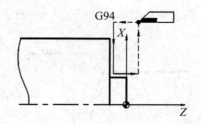

图 1-155　直端面车削单一循环走刀轨迹

 用 G94 指令加工图 1-156 所示的直端面台阶零件，加工起点坐标 $A(42,5)$。背吃刀量（Z 轴向）为 3mm，进给量为 0.2mm。

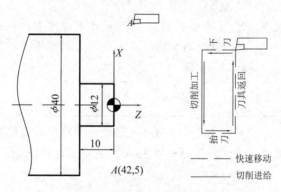

图 1-156　直端面车削单一循环加工示例

编程如下：

| O0300； | （程序号） |
| G94 | |

O0300；　　　　　　　　（程序号）

T0101；　　　　　　　　（转换刀具同时系统设置工件坐标系）

S800 M03；　　　　　　（主轴转速、转向）

G00 X42 Z5；　　　　　（刀具移动到加工起点）

G94 X12 Z-3 F0.2；　　（Z 轴向切入 3mm，第 1 次切削加工，刀具自动返回起点）

Z-6　　　　　　　　　　（Z 轴向再切入 3mm，第 2 次切削加工，刀具自动返回起点）

Z-9　　　　　　　　　　（Z 轴向再切入 3mm，第 3 次切削加工，刀具自动返回起点）

Z-10　　　　　　　　　（Z 轴向再切入 1mm，第 4 次切削加工，刀具自动返回起点）

G00 X50 Z80；　　　　（刀具远离）

M30；　　　　　　　　　（程序结束）

②锥端面车削单一循环。锥端面车削单一循环走刀轨迹如图 1-157 所示。

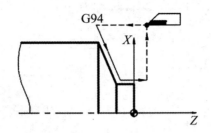

图 1-157　锥端面车削单一循环走刀轨迹

格式

G94 X(U)__Z(W)__R__F __；

式中，X（U）、Z(W)：锥端面车削时终点的绝对坐标和增量坐标。

R：锥端面车削起点 Z 值与车削终点 Z 值的差值，即 $Z_{起点}-Z_{终点}$。

F：进给量。

示例

用 G94 指令加工图 1-158 所示的锥端面台阶零件，加工起点坐标 A（42,5）。背吃刀量（Z 轴向）为 3mm，进给量为 0.2mm，R=[-10-(-6）]= -4。

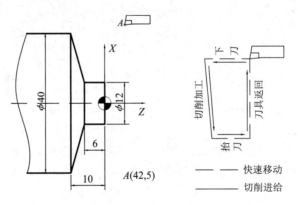

图 1-158　锥端面车削单一循环加工示例

编程如下：

O0400；　　　　　　　　　（程序号）

T0101；　　　　　　　　　（转换刀具同时系统设置工件坐标系）

S800 M03；　　　　　　　（主轴转速、转向）

G00 X42 Z6；　　　　　　（刀具移动到加工起点）

G94 X12 Z6 R-4 F0.2；　　（Z 轴向切入 3mm，第 1 次切削加工，刀具自动
　　　　　　　　　　　　　返回起点）

Z3　　　　　　　　　　　（Z 轴向再切入 3mm，第 2 次切削加工，刀具自
　　　　　　　　　　　　　动返回起点）

Z0	（Z轴向再切入 3mm，第 3 次切削加工，刀具自动返回起点）
Z-3	（Z轴向再切入 3mm，第 4 次切削加工，刀具自动返回起点）
Z-6	（Z轴向再切入 3mm，第 5 次切削加工，刀具自动返回起点）
G00 X50 Z80;	（刀具远离）
M30;	（程序结束）

10. G96/G97/G50（恒线速度控制 / 取消恒线速度控制 / 最高转速限制）

（1）G96（恒线速度控制）。

在加工零件时，如果要求不同大小的台阶面、锥面或端面的粗糙度一致，则必须用恒线速度进行切削，它通过改变转速来控制相应的工件直径变化，以维持稳定的恒定切削速度，编程时常与 G50 指令配合使用。

 格式　　G96 S ～；
　　式中，S 后面的数字表示恒定的线速度，单位为 m/min。例如，G96 S120 表示切削点线速度控制在 120 m/min。

 示例　　如图 1-159 所示的零件，为保证 A、B、C 三个台阶面的表面粗糙度一致，在加工时三个台阶面上各处的线速度必须保持一致。现已知各台阶面的线速度为 120m/min，求各台阶面在加工时的主轴转速。

　　由切削速度公式 $V_c = \pi \times D \times n/1000$ 可知，

　　A：$n=1000 \times 120 \div (\pi \times 12)=3185$ r/min。

　　B：$n=1000 \times 120 \div (\pi \times 24)=1592$ r/min。

　　C：$n=1000 \times 120 \div (\pi \times 40)=955$ r/min。

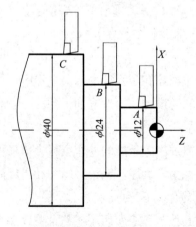

图 1-159　G96 加工示例

（2）G97（恒线速度控制取消）。

G97 S～；

式中，S后面的数字表示恒线速度控制取消后的主轴转速，如未指定，将保留G96的最终值。

G97 S2000；（恒线速控制取消后主轴转速为2000 r/min）

（3）G50（最高转速限制）。

若主轴转速高于G50指定速度，则被限制在最高速度，不再升高。

G50 S～；

式中，S后面的数字表示的是最高转速，单位为r/min。

G50 S5000；　　　　　（限制最高转速为5000r/min）

G96 S150；　　　　　（恒线速度开始，指定切削速度为150m/min）

11．G98/G99（切削进给速度）

G98：每分钟进给率。

G99：每转进给率。

切削进给速度可用G98代码来指令每分钟的移动距离（mm/min），或者用G99代码来指令每转移动距离（mm/r）。G99的每转进给率主要用于数控车床加工。

12．M98/M99（调用子程序/返回主程序）

（1）主程序与子程序。

机床的加工程序可以分为主程序和子程序两种。主程序是指一个完整的零件加工程序，或零件加工程序的主体部分。它与被加工零件或加工要求一一对应，不同的零件或不同的加工要求，都有唯一的主程序。

为了简化编程，有时可以将程序中重复的动作编写为单独程序，并通过程序调用的形式来执行这些程序，这样的程序称为子程序。就程序结构和组成而言，子程序和主程序并无本质区别，但在使用上，子程序具有以下特点。

①它可以被任何主程序或其他子程序所调用，并且可以多次循环执行。

②被主程序调用的子程序，还可以调用其他子程序，称为子程序的嵌套。

③子程序执行结束后能自动返回调用的程序中。

④子程序一般都不可作为独立的加工程序使用，它只能通过调用实现加工中的局部动作。

（2）子程序的调用。

在大多数数控系统中，子程序的程序号和主程序的程序号格式相同，即由 O 加后缀数字组成。但子程序的结束标记必须使用 M99，才能实现程序的自动返回功能。

对于以上子程序格式，子程序的调用通过 M98 代码指令进行。但在调用指令中要将子程序的程序号地址改为 P，FANUC 系统常用的子程序调用指令格式如下。

M98 P××××L××××；

调用子程序 O××××，地址 L 后缀的数字代表调用次数。若只调用一次，则地址 L 可省略。

M98 P0088 L0003；（调用子程序 O0088 三次）
子程序号、循环次数的前几个"0"可以省略，简写成 M98 P88 L3;。

M98 P×××× ××××；

调用子程序 O××××，在地址 P 后缀的数字中，前 4 位表示调用次数，后 4 位表示子程序号。

M98 P00030088；表示调用子程序 O0088 三次。利用这种格式时，调用次数的前几个"0"可以省略，但子程序号的前几个"0"不可以省略，简写成 M98 P30088。

具体子程序的调用格式如下。

主程序：

O0001;   子程序：

…   O0100;

…

M98 P0100;   M99;

…

…

…   O0200;

M98 P0200 L2;   …

…   M99;

M30;

在上述主程序中 M98 P0200 L2；可用 M98 P20200；代替。

 如图 1-160 所示，用外割槽刀（刀宽 4mm）加工 3 个槽宽 7mm、槽底直径 31mm 的沟槽，试用 M98、M99 指令编写程序。

由于图中 3 个槽的尺寸完全相同，所以可以将其中的一个槽编写为子程序，通过主程序连续调用 3 次。

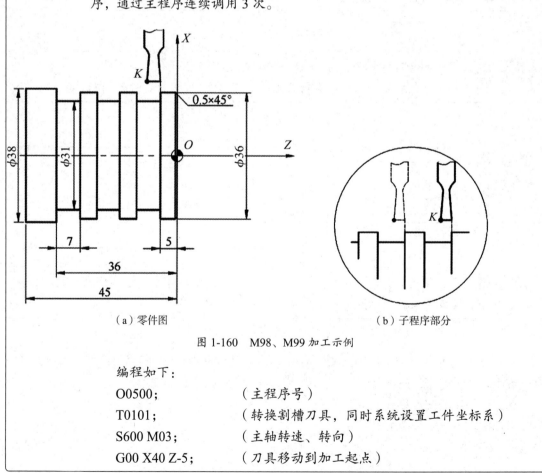

（a）零件图   （b）子程序部分

图 1-160　M98、M99 加工示例

编程如下：

O0500;   （主程序号）

T0101;   （转换割槽刀具，同时系统设置工件坐标系）

S600 M03;   （主轴转速、转向）

G00 X40 Z-5;   （刀具移动到加工起点）

M98 P0600；　　　　（第 1 次调用子程序，割第 1 个槽）

G00 Z-17；　　　　　（刀具移动至第 2 个槽起点）

M98 P0600；　　　　（第 2 次调用子程序，割第 2 个槽）

G00 Z-29；　　　　　（刀具移动至第 3 个槽起点）

M98 P0600；　　　　（第 3 次调用子程序，割第 3 个槽）

G00 X80 Z80；　　　（退刀）

M30；　　　　　　　（程序结束）

O0600；　　　　　　（子程序号）

G01 X31 F0.08；　　（切槽第 1 刀）

X40 F0.3；　　　　　（抬刀）

W-3；　　　　　　　（Z 轴向移动 3mm）

X31 F0.08；　　　　 （切槽第 2 刀）

X40 F0.3；　　　　　（抬刀）

M99；　　　　　　　（从子程序返回主程序）

第2章

数控车削加工练习题

加工练习题 1

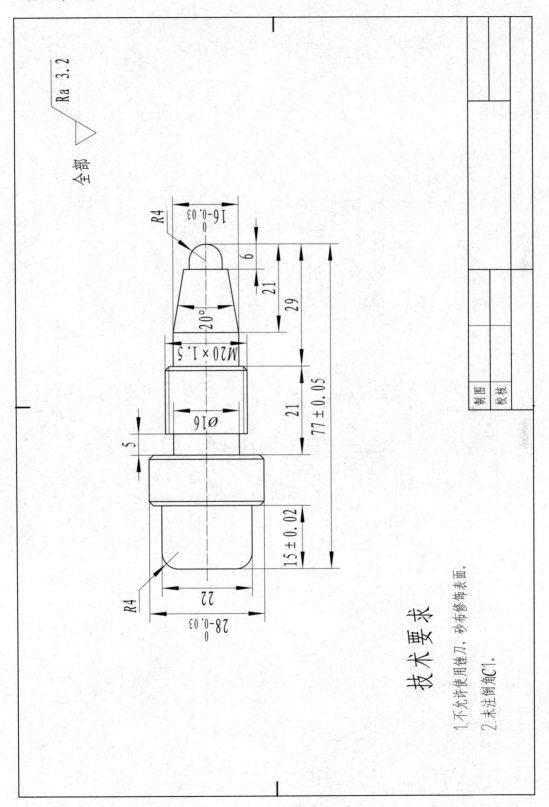

技 术 要 求

1.不允许使用锉刀、砂布修饰表面。

2.未注倒角C1。

加工练习题 2

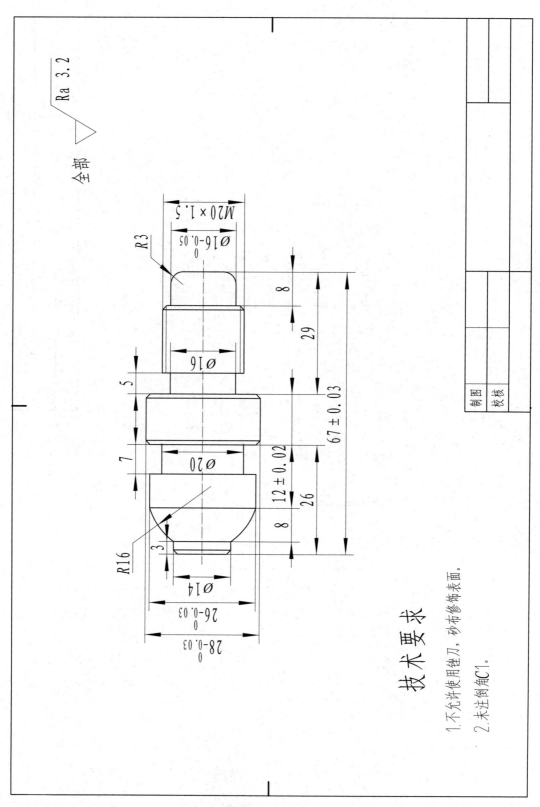

技术要求

1.不允许使用锉刀、砂布修饰表面。

2.未注倒角C1。

加工练习题 3

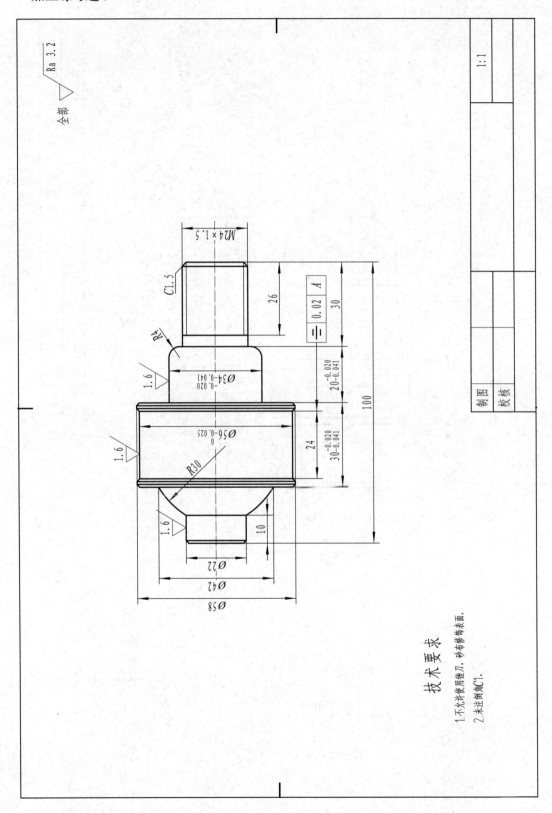

技 术 要 求

1.不允许使用锉刀、砂布修饰表面.
2.未注倒角C1.

加工练习题 4

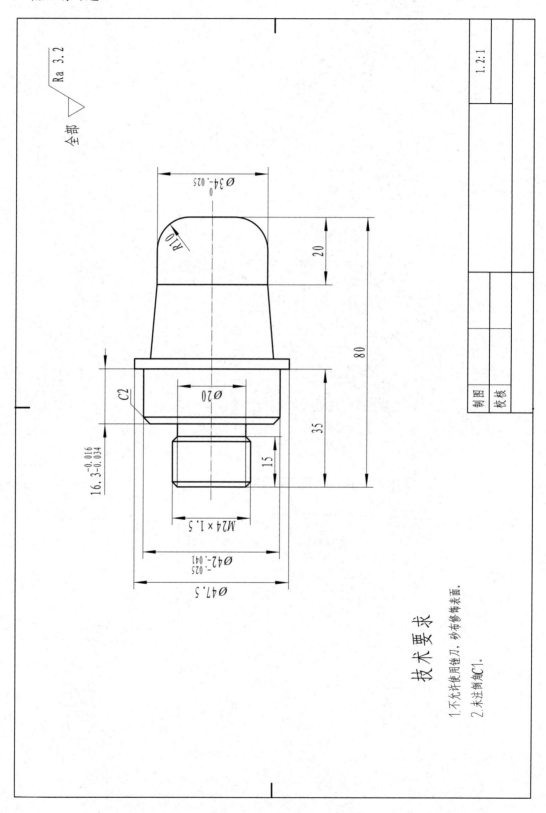

技 术 要 求

1.不允许使用锉刀、砂布修饰表面。

2.未注倒角C1。

加工练习题 5

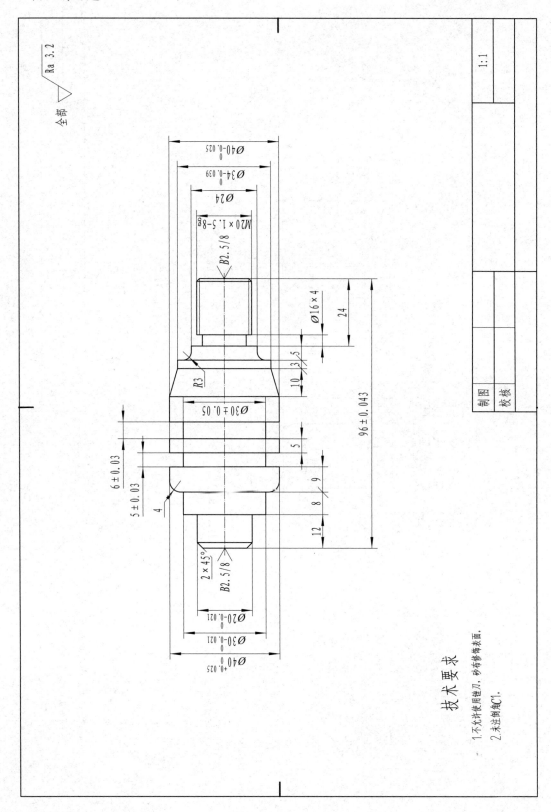

加工练习题6

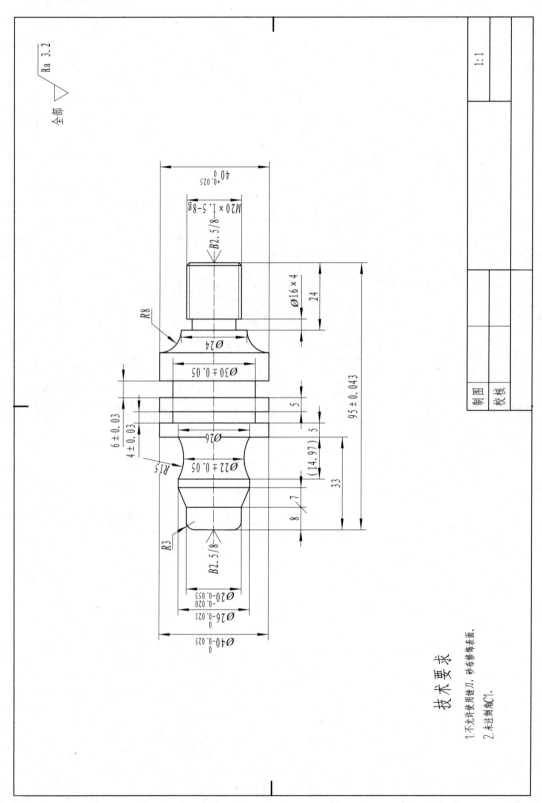

加工练习题 7

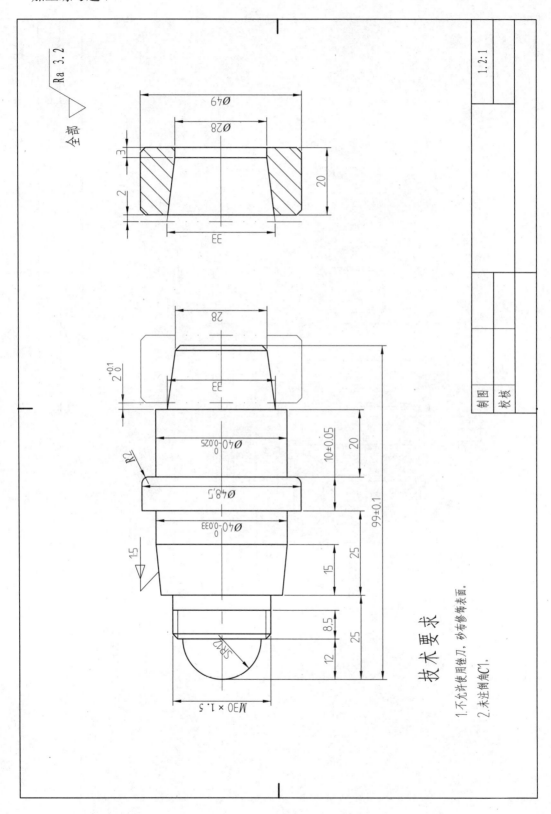

技 术 要 求

1.不允许使用锉刀, 砂布修饰表面.

2.未注倒角C1.

加工练习题 8

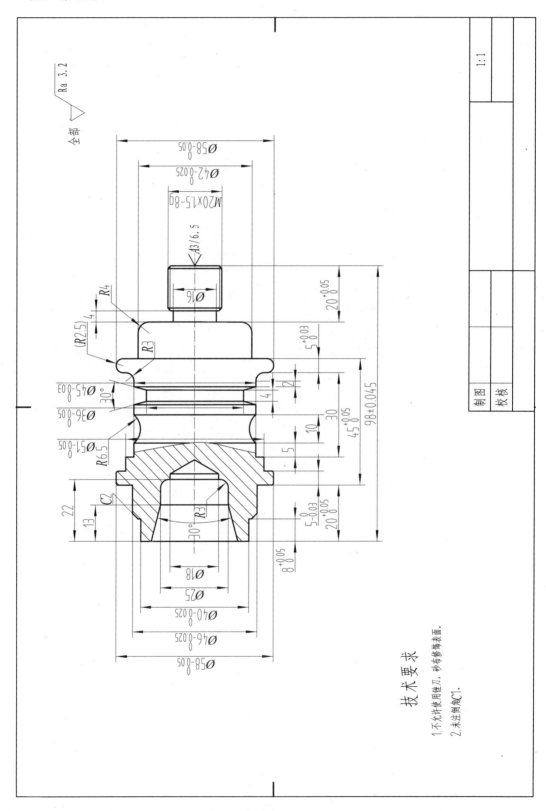

党的二十大报告指出："坚持把发展经济的着力点放在实体经济上，推进新型工业化，加快建设制造强国、质量强国、航天强国、交通强国、网络强国、数字中国。实施产业基础再造工程和重大技术装备攻关工程，支持专精特新企业发展，推动制造业高端化、智能化、绿色化发展。"

第二篇
数控铣削加工

数控铣床（加工中心即带有刀库和换刀机构的数控铣床）是目前广泛采用的数控机床，有立式和卧式两种。数控铣床功能齐全，主要用于各类较复杂的平面、曲面、齿形、内孔和壳体类零件的加工，如各类模具、样板、叶片、凸轮、连杆和箱体等，并能进行铣槽、钻、扩、铰、镗孔的工作，特别适合加工各种具有复杂曲线轮廓及截面的零件，尤其适合模具加工。

3

第 3 章

FANUC 0i-MD 系统数控
铣床（加工中心）操作与编程

本章主要以 KDVM800LH 数控加工中心为例（见图 3-1）进行介绍，其控制系统为目前工业企业和学校常用的 FANUC 0i-MD 系统。

图 3-1 KDVM800LH 数控加工中心

3.1 FANUC 0i-MD 系统数控铣床（加工中心）操作

3.1.1 主要技术参数

FANUC 0i-MD 系统数据铣床主要技术参数如表 3-1 所示。

表 3-1 FANUC 0i-MD 系统数控铣床主要技术参数

工作台工作面积（长 × 宽）	950mm × 460mm
工作台最大纵向行程	800mm
工作台最大横向行程	500mm
工作台最大垂直行程	550mm
工作台 T 形槽数	3 个
工作台 T 形槽宽	18mm
工作台 T 形槽间距	150mm
主轴孔锥度	7：24；莫氏 54
主轴转速范围	60 ～ 8000r/min
主电动机功率	5.5kW
快移速度	15m/min
重复定位精度	0.01mm

3.1.2 数控铣床（加工中心）安全操作规程

1. 每次开机前

（1）检查机床后面润滑油泵中的润滑油是否充足，此润滑油在 ATC 动作时会随压缩空气进入气阀、气缸及主轴锥孔内，达到润滑效果。若油量不足，需及时补充；若耗油过快或过慢，可适当调节此油泵上的调节旋钮。

（2）空气压缩机是否打开，每日开机前检查气源压力是否达到 0.5MPa 以上。机床在生产调试时已设定好，一般不需要再调整。

（3）检查气路三件组合之气水分离罐中是否有积水。若有应及时放掉，按气罐底部按钮即可将水排出。若气罐积水过多，在 ATC 执行换刀动作时，会将水带入气路中，造成电磁阀阀芯及气缸锈蚀，从而产生故障。

2．开机时

先打开总电源，然后按 CNC 电源的启动按钮，将急停按钮顺时针旋转。等数控铣床检测完所有功能后，NC 指示绿灯亮，机床准备完毕。

3．在手动操作时

注意，在进行 X 轴、Y 轴方向移动前，必须使 Z 轴处于抬刀位置。在移动过程中，不能只看 CRT 屏幕中坐标位置的变化，还要观察刀具的移动。等刀具移动到位后，再看 CRT 屏幕进行微调。

4．在编程过程中

对于初学者来说，尽量少用 G00 指令，特别在 X、Y、Z 三轴联动时更应注意。在走空刀时，应把 Z 轴的移动与 X 轴、Y 轴的移动分开进行，即多抬刀，少斜插。这是因为有时在斜插时，刀具会碰到工件而造成刀具损坏。

5．在使用电脑进行串口通信时

做到：先开机床，后开电脑；先关电脑，后关机床。避免在机床开关过程中，由于电流的瞬间变化而毁坏电脑。

6．在利用 DNC（电脑与机床之间相互进行程序的输送）功能时

注意机床的内存容量，一般从电脑向机床传输的程序总字节数应小于额定字节数。若程序比较长，则必须采用边传输边加工的方法。

7．在机床出现报警时

根据报警号查找原因，及时解除报警，不可关机了事，否则开机后仍会处于报警状态。

3.1.3　FANUC 0i-MD 系统数控铣床（加工中心）的基本操作

数控铣床（加工中心）打开机床电源的常规操作步骤如下。

（1）检查数控机床的外观是否正常，如电气柜的门是否关好等。

（2）开机（按机床通电顺序通电，先强电再弱电）。

①打开主控电源。

②将电器柜上的旋钮开关旋至"ON"位置。

③开启系统电源开关。

④以顺时针方向转动紧急停止开关。

（3）通电后检查屏幕是否有坐标位置显示，如有错误，会显示相关的报警信息。注意，在屏幕显示未开启前，不要操作系统，因为有些按钮可能有特殊用途，如被按下可能会出现意想不到的结果。

（4）检查电机风扇是否旋转。

通电后的屏幕显示多为硬件配置信息，这些信息有时会帮助诊断硬件错误或安装错误。

3.1.4 FANUC 0i-MD 系统的控制面板

1. CRT/MDI 控制面板

FANUC 0i-MD 系统的 CRT/MDI 控制面板如图 3-2 所示。

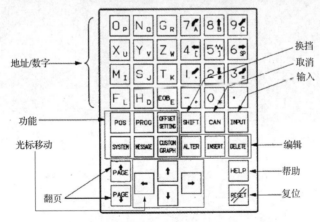

图 3-2　CRT/MDI 控制面板

图 3-2 中，上图为 FANUC 0i -MD 系统的 CRT/MDI 控制面板，下图为 CRT/MDI 控制面板右侧各按钮的功能区划分，各按钮具体介绍如下。

屏幕下方有 5 个软按钮 可以选择对应子菜单的功能，还有 2 个菜单扩展按钮 、 在菜单长度超过软按钮数时使用，按菜单扩展按钮可以显示更多的菜单项目。

（1）复位（RESET）：使 CNC 复位，用于消除报警等。

（2）帮助（HELP）：显示如何操作机床（帮助功能）。

（3）地址和数字：可输入字母、数字及其他字符。

（4）换挡（SHIFT）：在有些按钮的顶部有 2 个字符。按"SHIFT"按钮可选择字符，当一个特殊字符"＾"显示在屏幕上，表示右下角的字符可以输入。

（5）输入（INPUT）：当按了地址按钮或数字按钮后，数据被输入缓存器，并显示在 CRT 屏幕上。为了把输入缓存器中的数据复制到寄存器中，按"INPUT"按钮。

（6）取消（CAN）：删除已输入缓存器的最后一个字符或符号。当显示输入缓存器数据为＞X100Z_ 时，按"CAN"按钮，则字符 Z 被取消，显示：＞X100。

（7）程序编辑按钮：当编辑程序时按这些按钮。

ALTER：替换。

INSERT：插入。

DELETE：删除。

（8）功能按钮：切换各种功能显示画面。

① POS：显示位置画面。

连续按该按钮会出现 3 个画面切换，绝对坐标画面如图 3-3 所示，相对坐标画面如图 3-4 所示，综合显示画面如图 3-5 所示。

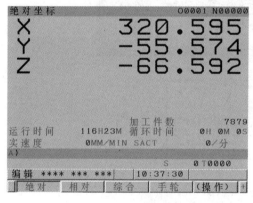

图 3-3　绝对坐标画面

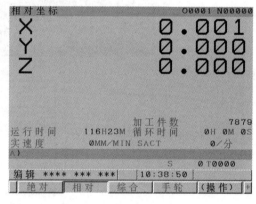

图 3-4　相对坐标画面

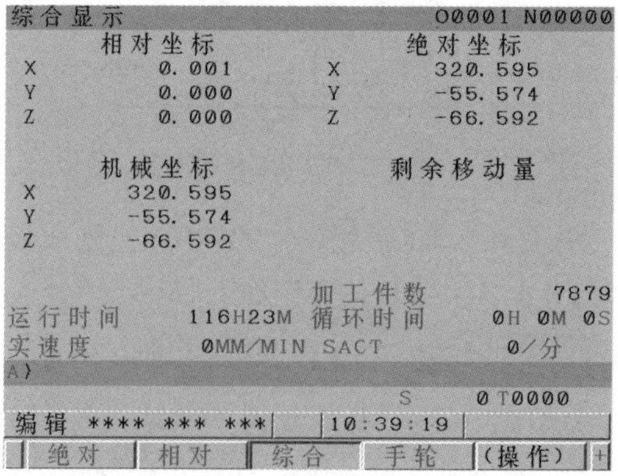

图 3-5　综合显示画面

② PROG：显示程序画面。

连续按该按钮会出现 2 个画面切换，所有程序目录画面如图 3-6 所示，单个程序内容画面如图 3-7 所示。

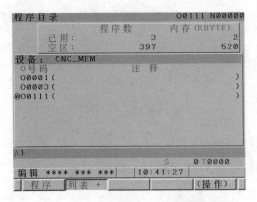

图 3-6　所有程序目录画面

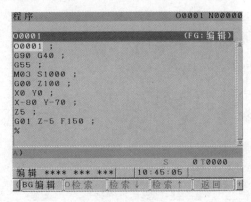

图 3-7　单个程序内容画面

③ OFFSET SETTING：显示刀偏 / 设定画面。

按 "OFFSET SETTING" 按钮可进入刀具补偿画面，如图 3-8 所示，系统设定画面如图 3-9 所示，工件坐标系设定画面如图 3-10 所示。

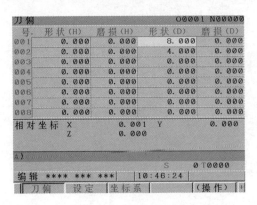

图 3-8　刀具补偿画面

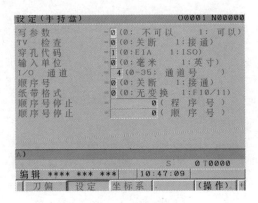

图 3-9　系统设定画面

图 3-10　工件坐标系设定画面

④ SYSTEM：显示系统参数画面。

按"SYSTEM"按钮可进入参数画面，如图 3-11 所示；再按"诊断"软件按钮可进入诊断画面，如图 3-12 所示；按"系统"软件按钮可进入系统配置 / 硬件画面，如图 3-13 所示。

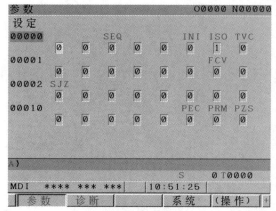

图 3-11　参数画面　　　　　　　　　　　　　图 3-12　诊断画面

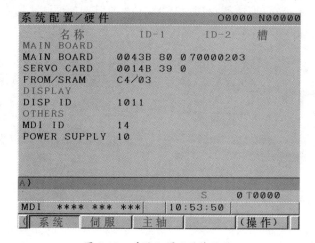

图 3-13　系统配置 / 硬件画面

⑤ MESSAGE：显示信息画面。

按"MESSAGE"按钮可进入报警信息画面，在加工及操作时一旦出现错误该画面就自动跳出，如图 3-14 所示；按"履历"软件按钮可进入已发生的所有报警履历画面，如图 3-15 所示。

⑥ CUSTOM GRAPH：显示刀具路径图画面。

按"CUSTOM GRAPH"按钮进入刀具路径图画面，如图 3-16 所示；刀具路径图形参数画面如图 3-17、图 3-18 所示，图 3-18 必须在图 3-17 的画面里按"向下翻页"按钮才能显示。图形视角显示由 P 设定，若观看 XYZ 三维视角轨迹图，设定 $P = 4$ 按"INPUT"按钮输入即可，如图 3-19、图 3-20 所示。轨迹图形的大小由图形参数比例来设定，如图 3-21 所示。

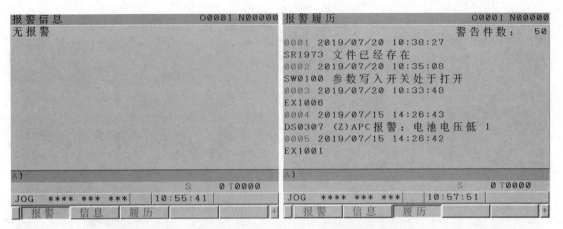

图 3-14　报警信息画面　　　　　　　图 3-15　已发生的所有报警履历画面

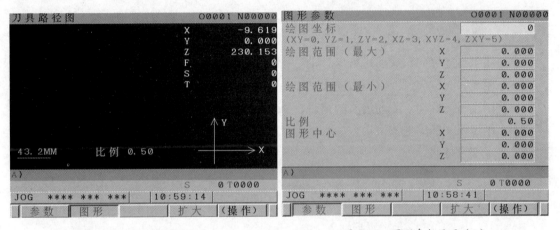

图 3-16　刀具路径图画面　　　　　　图 3-17　图形参数画面（1）

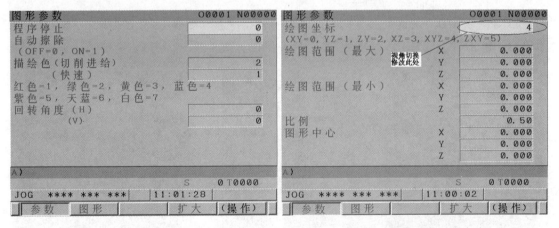

图 3-18　图形参数画面（2）　　　　　图 3-19　图形视角画面（1）

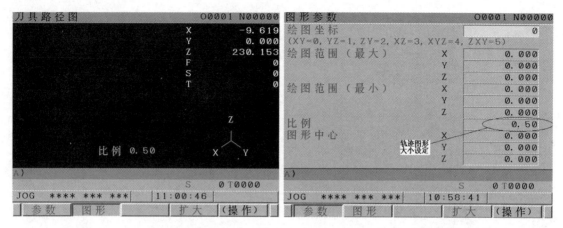

图 3-20 图形视角画面（2）　　　　图 3-21 图形大小设定参数

（9）光标移动按钮：←　↑　↓　→。

→：用于将光标向右或前进方向移动。

←：用于将光标向左或倒退方向移动。

↓：用于将光标向下或前进方向移动。

↑：用于将光标向上或倒退方向移动。

（10）翻页按钮。

↑PAGE：用于在屏幕上向前翻一页。

PAGE↓：用于在屏幕上向后翻一页。

（11）外部数据输入/输出接口。

FANUC 0i-MD 系统的外部数据输入/输出接口有 CF 卡插槽（见图 3-22）、U 盘插口（见图 3-23）和 RS232C 数据接口（9 孔 25 针传输线，见图 3-24）。

图 3-22　CF 卡插槽及 CF 卡　　　图 3-23　U 盘插口及 U 盘　　　图 3-24　RS232C 数据接口（9 孔 25 针传输线）

2. 机床控制面板介绍

本章所介绍的 KDVM800LH 数控加工中心的机床控制面板如图 3-25 所示，机床控制面板上各按钮介绍如下。

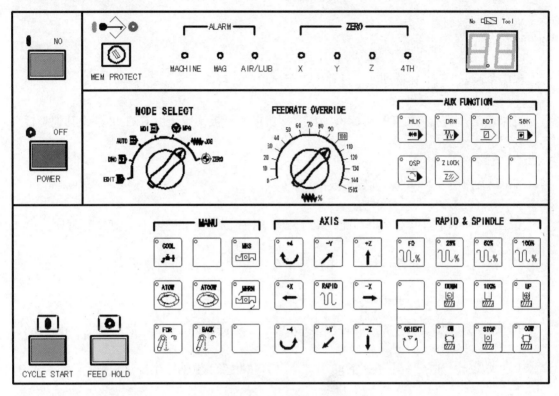

图 3-25　机床控制面板

（1）方式选择旋钮（见图 3-26）。

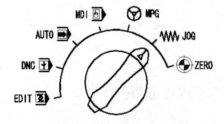

图 3-26　方式选择旋钮

EDIT ：用于直接通过操作面板输入数控程序和编辑程序。

AUTO ：进入自动加工模式。

MDI ：手动数据输入。

ＷＷＷ ＪＯＧ：手动方式，手动连续移动台面或刀具。

ＭＰＧ：手摇脉冲方式。

ＤＮＣ：直接数字控制，用于外接计算机程序的输入／输出。

ＺＥＲＯ：返回参考点。

（2）数控程序运行控制开关。

程序单段： ＳＢＫ 在自动加工过程中，程序单段运行。

机床锁定： ＭＬＫ 加工时机床不动作，即机械坐标被锁定，但 CRT 屏幕中其他坐标会
发生变化。

辅助 Z 轴锁定： Ｚ ＬＯＣＫ Z 轴旋转被锁定。

空运行： ＤＲＮ 打开空运行功能，机床以系统内预先设定的速度值快速运行程序。

程序跳段： ＢＤＴ 自动运行时，不执行带有"／"的程序段。

（3）机床主轴手动控制开关。

手动开机床主轴正转： ＣＷ 在"JOG 方式下"，按此按钮主轴以最近设定的转速正转。

手动关机床主轴： ＳＴＯＰ 在"JOG 方式下"，按此按钮主轴停止。

手动开机床主轴反转： ＣＣＷ 在"JOG 方式下"，按此按钮主轴以最近设定的转速反转。

（4）辅助指令说明按钮。

冷却液： ＣＯＯＬ 冷却液手动开启与关闭。

主轴倍率修调：。

进给速度倍率修调：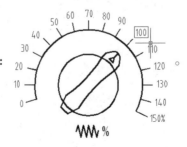

快速移动倍率修调：   。

（5）手摇脉冲发生器。

在手轮方式，机床坐标轴可连续旋转操作面板上手摇脉冲发生器，来控制机床以实现连续不断地移动。当手摇脉冲发生器旋转一个刻度时，机床坐标轴移动相应的距离，机床坐标轴移动的速度由移动倍率开关确定。

手摇脉冲发生器：  。

移动坐标轴：   。

移动倍率： 移动量"×1"为 0.001mm， "×10"为 0.01mm，"×100"为 0.1mm。

方向控制： "+"表示向各坐标轴的正向移动， "−"表示向各坐标轴的负向移动。

（6）程序运行控制开关。

循环启动： 。

进给保持： 。

（7）系统控制开关。

NC 启动（即循环启动）：

NC 停止（即进给保持）：

（8）手动移动机床坐标轴按钮

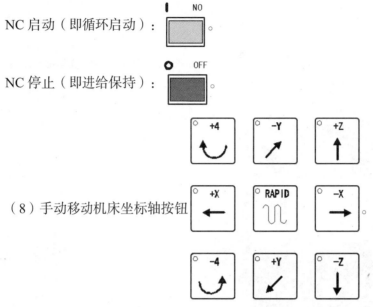

选择移动轴，正方向移动按钮，负方向移动按钮，中间按钮表示快速进给。

3. 手动返回参考点（当机床采用绝对值式测量系统时除外）

当机床采用增量式测量系统（即编码器）时，一旦机床断电，数控系统就失去了对参考点坐标的记忆，因此当再次接通数控系统的电源时，操作者必须先进行返回机床参考点的操作。另外，若机床在操作过程中使用了　　　功能，在解除该功能后也需进行返回机床参考点的操作。遇到急停信号或超程报警信号，待故障排除，恢复机床工作时，最好也进行返回机床参考点的操作，操作步骤如下。

（1）按返回参考点开关 ZERO。

（2）将移动倍率开关调至适当的位置。

（3）按住与返回参考点相应的进给轴和方向选择开关（返回参考原点时必须先返回 Z 轴，再返回 X 轴、Y 轴，否则刀具可能会与工件发生碰撞），直至机床返回参考点。当机床返回参考点后，返回参考点完成灯点亮。

4. 手动连续进给

在 JOG 方式下，按机床操作面板上的进给轴和方向选择按钮，机床沿选定轴的选定方向移动。手动连续进给速度可使用"进给速度倍率"调节开关来调节；手动操作通常一次移动一个轴。此时若再加按"快速移动"按钮，则机床快速移动，而此时"进给速度倍率"调节开关将无效，只能使用"快速移动倍率"按钮来调节。

5. 程序的输入、编辑和存储

（1）新程序名的建立。

向 NC 存储器中加入一个新程序号的操作称为新程序名建立，操作步骤如下。

①将方式按钮选择至 EDIT 。

②程序保护钥匙开关 置关位。

③按"PROG"按钮，将屏幕显示切换到程序目录画面，如图 3-27 所示。

④输入程序名，如"O0002"（该程序名不能与系统内已有的程序重名）。此时输入的内容会出现在屏幕下方，此位置称为输入缓存区，如图 3-28 所示。

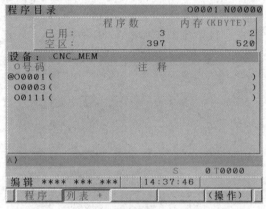

图 3-27　程序目录画面

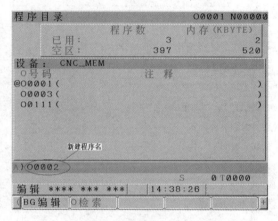

图 3-28　输入缓存区

⑤按"INSERT"按钮，新建的程序名被输入系统内，如图 3-29 所示。若该程序名与系统内已有的程序重名，则出现图 3-30 所示的报警提示。

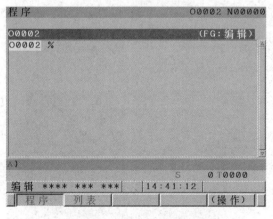

图 3-29　程序名输入系统内

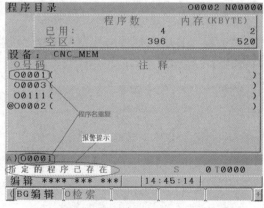

图 3-30　系统重名报警提示

⑥输入结束符，按"EOB"按钮（即"；"），如图 3-31 所示，再按"INSERT"按钮将"；"插入程序名后（即 O0001；），则一个新程序名建立完成，如图 3-32 所示。

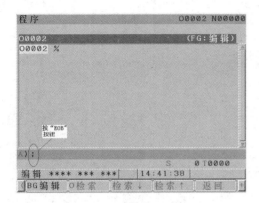
图 3-31　结束符输入缓存区

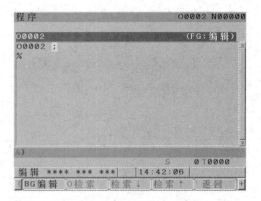
图 3-32　结束符输入系统

 提示　在建立新程序名时，如果直接输入"程序名"+"；"，如输入"O0002；"，如图 3-33 所示，将会出现"格式错误"报警提示，如图 3-34 所示。

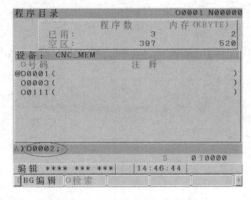
图 3-33　程序名输入缓存区

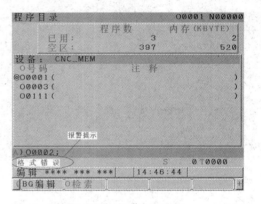
图 3-34　报警提示画面

（2）程序内容的输入。

①按上述方式建立一个新的程序名。

②在输入程序内容后，可直接在程序段结尾加上结束符"；"，如图 3-35 所示；再按"INSERT"按钮将一整段程序输入系统，如图 3-36 所示。

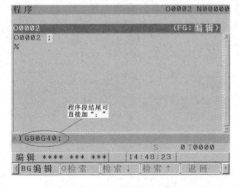
图 3-35　程序内容输入缓存区

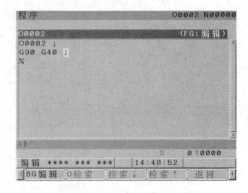
图 3-36　程序内容输入系统

提示 　　在输入程序内容时，不仅可以一整段一整段地输入，也可以多个程序段一起输入（只要缓存区输入得下），如图 3-37 所示；输完后再按 "INSERT" 按钮，程序会自动按段排列，如图 3-38 所示。

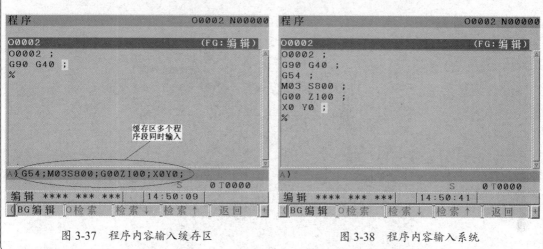

图 3-37　程序内容输入缓存区　　　　　　　图 3-38　程序内容输入系统

（3）搜索并调出程序（有两种方法）。

方法一：

①将方式按钮选择至 EDIT 。

②按 "PROG" 按钮。

③输入地址 O（按 "O" 按钮）。

④输入被调程序的程序号（数字，如 "O0111"），如图 3-39 所示。

⑤按上下光标移动按钮（一般用 "↓" 按钮）。

⑥搜索完毕后，被搜索的程序会显示在屏幕上，如图 3-40 所示。如果没有找到指定的程序，会出现报警提示。

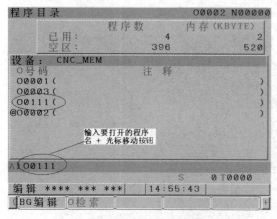 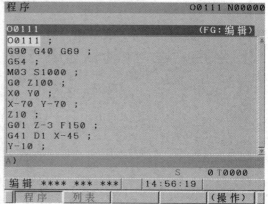

图 3-39　被搜索程序名缓存区写入　　　　　　图 3-40　被搜索程序显示

方法二：

①将方式按钮选择至 EDIT 🗹。

②按"PROG"按钮。

③输入地址 O（按"O"按钮）。

④输入被调程序的程序号（数字，如"O0111"），如图 3-41 所示。

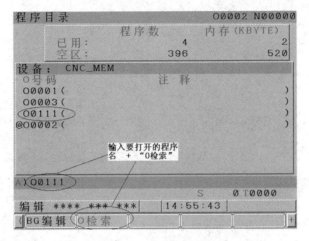

图 3-41　程序名检索画面

⑤按屏幕下方的"O 检索"软件按钮，则程序被调出，如图 3-40 所示。

（4）插入一段程序。

①将方式按钮选择至 EDIT 🗹。

②按"PROG"按钮。

③调出需要编辑或输入的程序。

④使用翻页按钮和光标移动按钮将光标移动到插入位置的前一个字符下（如在 O0111 程序里的"Z-3"后面插入"F100"），如图 3-42 所示。

⑤在缓存区输入需要插入的字符内容"F100"，如图 3-43 所示。

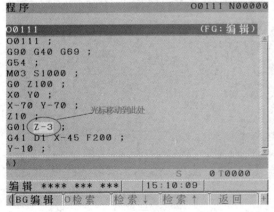

图 3-42　光标位置画面

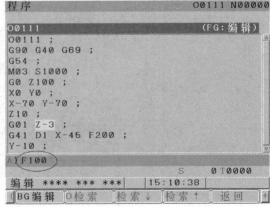

图 3-43　缓存区输入插入字符内容

⑥按"INSERT"按钮，则缓存区的内容被插入光标所在字符的后面，如图 3-44 所示。

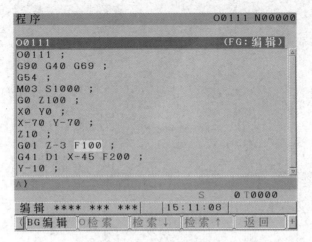

图 3-44　插入后的画面

提示　当输入内容在缓存区出现错误需修改时，使用"CAN"按钮将缓存区的字符从右向左一个一个地删除，如图 3-45、图 3-46 所示。

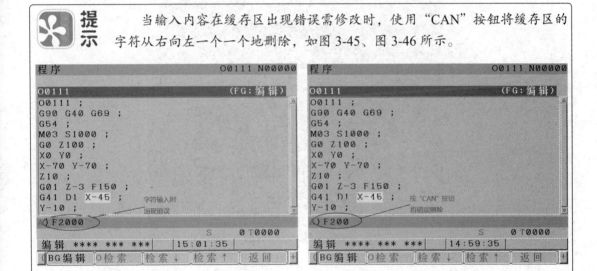

图 3-45　缓存区输入程序字符　　　　图 3-46　删除错误字符内容

（5）修改一个字符。

①将方式按钮选择至 EDIT 🖉。

②调出需要编辑或输入的程序。

③使用翻页按钮和光标移动按钮将光标移动到需要修改的字符中（如将"F150"修改成"F100"），如图 3-47 所示。

④在缓存区输入正确的字符内容，可以是一个字符，也可以是几个字符甚至几个程序段（只要缓存区输入得下），如图 3-48 所示。

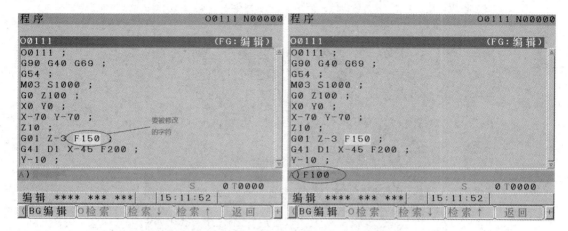

图 3-47　光标位置画面　　　　图 3-48　缓存区输入字符内容

　　⑤按"ALTER"按钮，则光标所在位置的字符被缓存区的字符内容替代，如图 3-49 所示。

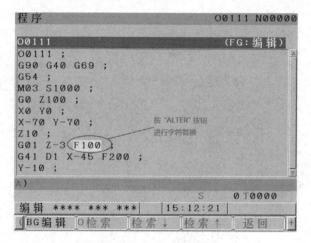

图 3-49　字符修改后的画面

　　（6）删除程序段。

　　①将方式按钮选择至 EDIT。

　　②按"PROG"按钮。

　　③调出需要编辑的程序。

　　④使用翻页按钮和上下光标按钮将光标移动到要删除程序段的首端，按屏幕右下角"+"扩展按钮（如删除的程序段从"X-70"开始到"F100；"），如图 3-50 所示。

　　⑤再按"选择"软件按钮，如图 3-51 所示。

　　⑥使用光标移动按钮"↓""→"，将要删除的程序段标记，如图 3-52 所示。

　　⑦按"DELETE"按钮，光标所标记的程序段内容全部被删除，如图 3-53 所示。

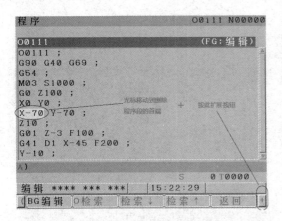

图 3-50 光标位置画面

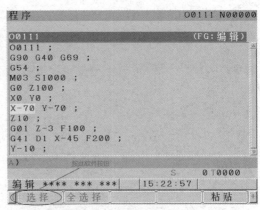

图 3-51 按"选择"软件按钮

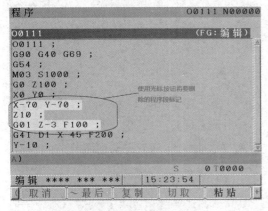

图 3-52 标记删除的程序段

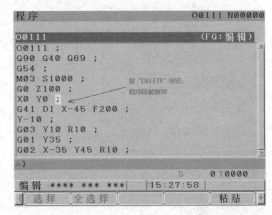

图 3-53 删除部分程序段后的画面

（7）删除某个程序。

①将方式按钮选择全 EDIT 。

②按"PROG"按钮，将屏幕切换到程序目录画面，删除目录中程序"O0003"，在缓存区输入要删除程序的程序号"O0003"，如图 3-54 所示。

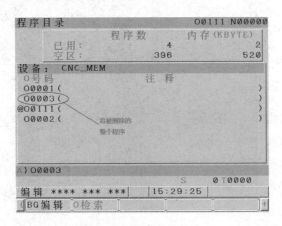

图 3-54 程序目录画面

③按"DELETE"按钮，屏幕下方出现删除前的提示，如图 3-55 所示。

④按"执行"软件按钮，则指定程序号的程序将从程序目录中全部删除，如图 3-56 所示。

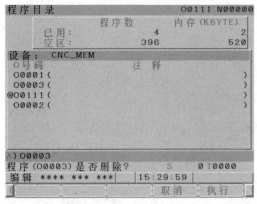

图 3-55 删除前的提示

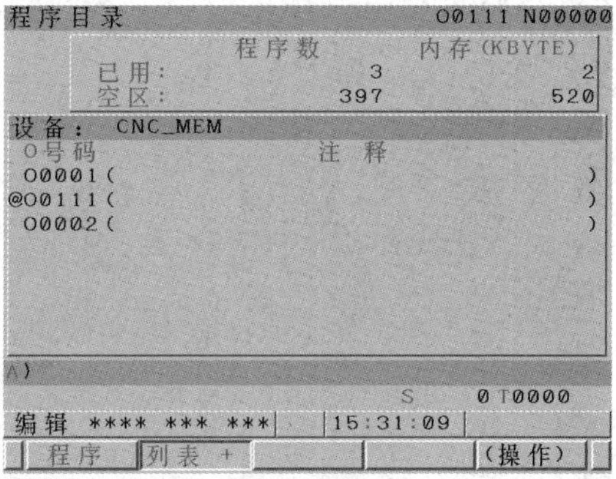

图 3-56 删除后的程序目录画面

（8）删除全部程序。

删除系统内存中的所有程序。

①将方式按钮选择至 EDIT。

②按"PROG"按钮（将显示屏幕切换到图 3-57 所示画面，以便更直观）。

③在缓存区输入"O-9999"，按"DELETE"按钮，此时屏幕下方出现删除前的提示，如图 3-58 所示。

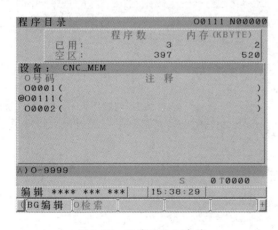

图 3-57 缓存区输入字符

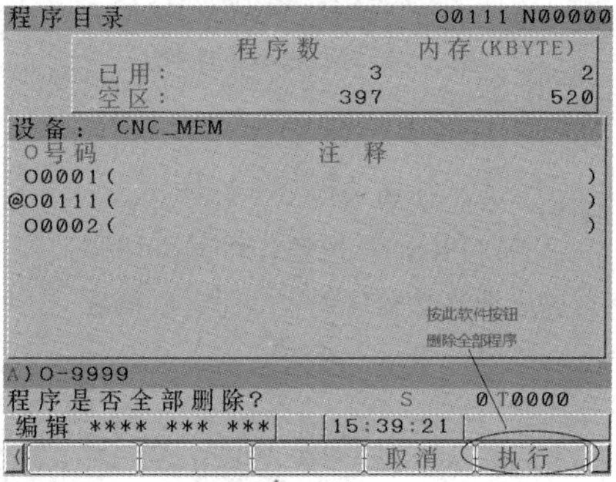

图 3-58 删除前的提示

④按"执行"软件按钮，则全部程序都被删除，如图 3-59 所示。

（9）搜索一个字符。

搜索如"M""X""G01""F××"等字符。

①将方式按钮选择至 EDIT。

②按"PROG"按钮。

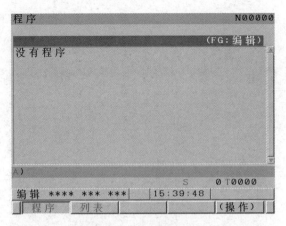

图 3-59　删除后的画面

③调出需要被执行搜索的程序，如图 3-60 所示。

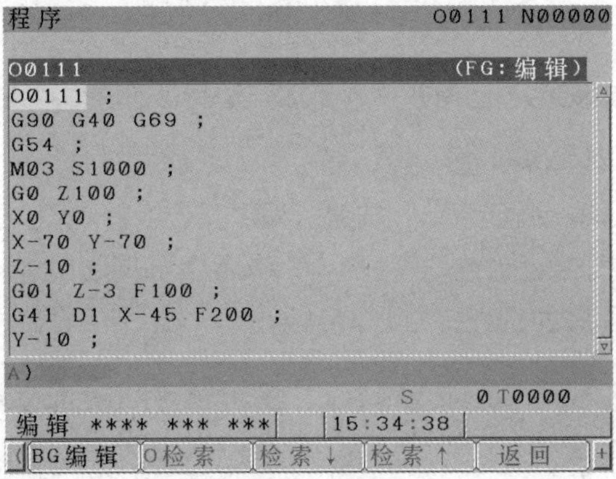

图 3 60　程序画面

④输入要搜索的字符，如图 3-61 所示。

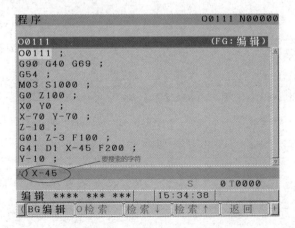

图 3-61　输入要搜索的字符

⑤按"检索↓"按钮向后搜索或按"检索↑"按钮向前搜索。当系统搜索到第一个与搜索

内容完全相同的字符后，停止搜索并使光标停在该字符下方，如图 3-62 所示。

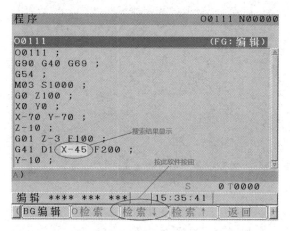

图 3-62　搜索结果显示

6. 自动加工

（1）在 **EDIT** 功能模式下选择并打开要加工运行的程序，将光标移动到程序头。

（2）将方式按钮选择至 **AUTO**。

（3）按控制面板上的"循环启动"按钮，程序开始运行。

（4）在程序自动运行时可以按"检测"软件按钮，如图 3-63 所示，切换到程序（检查）画面，以便观察刀具及程序的行程，如图 3-64 所示。

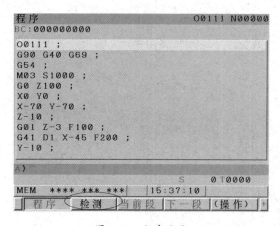

图 3-63　程序画面

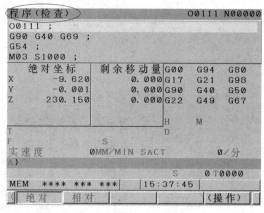

图 3-64　程序（检查）画面

　提示

在按"循环启动"按钮前，必须完成所有有关加工的准备和检查工作。

7. 在 MDI 方式下执行可编程指令

在 MDI 方式下可以在 CRT/MDI 面板上直接输入并执行单个（或几个）程序段，被输入并执行的程序段不会被存入程序存储器。

例如，要在 MDI 方式下输入并执行程序段"M03 S1000；"，操作步骤如下。

（1）将方式按钮选择至 MDI。

（2）按"PROG"按钮，CRT 屏幕显示程序（MDI）画面，如图 3-65 所示。

（3）在缓存区输入"M03S1000；"，如图 3-66 所示。

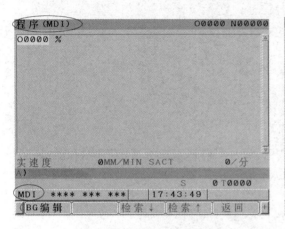

图 3-65　程序（MDI）画面

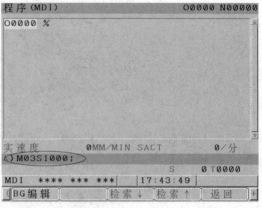

图 3-66　字符输入缓存区

（4）按"INPUT"按钮输入系统，如图 3-67 所示。

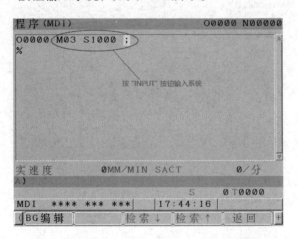

图 3-67　程序字符输入系统

（5）按控制面板上的"循环启动"按钮，则该程序指令被执行。

8. DNC 传输设定

在 DNC 方式下，通过数据线可以输入外部计算机自动生成的程序。

9. 数据的显示和设定

（1）程序的显示。

当前的程序名和顺序号始终显示在屏幕的右上角，如图 3-68 所示，除 MDI 外的其他方式下，按"PROG"按钮都可以看到当前程序的显示。

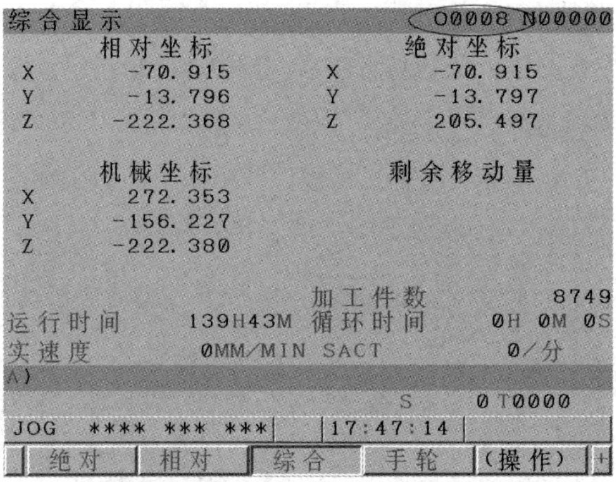

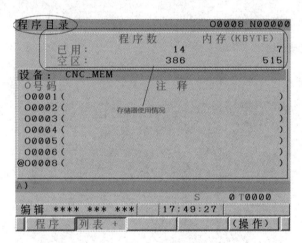

图 3-68 程序名和顺序号的显示

在EDIT **图** 程序编辑方式下,按 "PROG" 按钮,切换到程序目录画面。在显示程序目录时,可以同时看到程序存储器的使用情况,如图 3-69 所示。

图 3-69 程序目录画面

已用程序数:已被使用的程序号数量。

空区程序数:剩余可用的程序号数量。

已用内存:已使用的存储器空间。

空区内存:剩余可用的存储器空间。

(2)当前位置显示。

显示位置有 3 种方式,分别为绝对坐标系位置显示、相对坐标系位置显示和机床坐标系位置显示,如图 3-3、图 3-4、图 3-5 所示。

①绝对坐标系位置显示给出了刀具在工件坐标系中的位置。

②相对坐标系位置值可以由操作复位为零,这样可以方便地建立工件坐标系。

③机床坐标系位置显示工件在机床中的位置。

10. 刀具偏置值的显示和输入

（1）按"OFFSET SETTING"按钮，显示刀偏画面。

（2）按"刀偏"软件按钮，屏幕出现刀具"形状""磨损"补偿值输入画面，如图 3-70 所示。其中，"形状（H）"用于刀具长度（即高度）补偿，"形状（D）"用于刀具半径补偿；"磨损（H）"用于刀具长度方向磨损量补偿，"磨损（D）"用于刀具半径方向磨损量补偿。

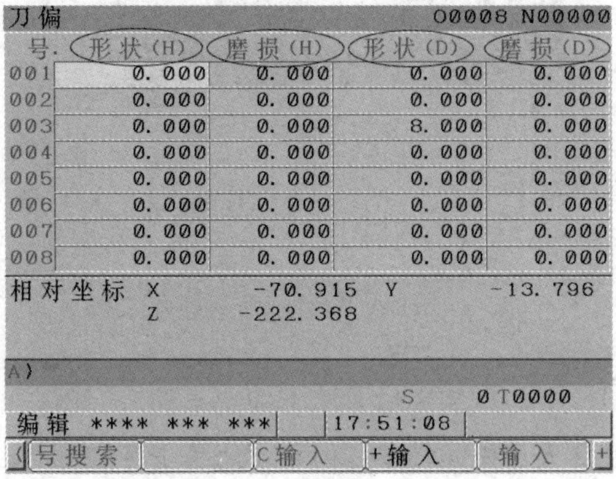

| 刀偏 | | | | O0008 N00000 |
号	形状（H）	磨损（H）	形状（D）	磨损（D）
001	0.000	0.000	0.000	0.000
002	0.000	0.000	0.000	0.000
003	0.000	0.000	8.000	0.000
004	0.000	0.000	0.000	0.000
005	0.000	0.000	0.000	0.000
006	0.000	0.000	0.000	0.000
007	0.000	0.000	0.000	0.000
008	0.000	0.000	0.000	0.000

相对坐标 X   -70.915   Y   -13.796
         Z   -222.368

A）
                                      S   0 T0000
编辑 **** *** ***   17:51:08
（ 号搜索 ｜   C输入 ｜ +输入 ｜   输入 ｜ +

图 3-70   刀偏画面

（3）使用翻页按钮和上下光标按钮将光标移动到需要修改或需要输入的刀具偏置号之前。

（4）输入刀具偏置值。

（5）按"INPUT"按钮，偏置值被输入系统。

3.2   FANUC 0i-MD 数控铣床（加工中心）对刀

对刀是数控铣床（加工中心）加工中最重要的操作内容之一，其准确性将直接影响零件的加工精度。对刀方法一定要与零件加工精度要求相适应。

对刀的目的是通过刀具或对刀工具来确定工件坐标系原点（程序原点）在机床坐标系中的位置，并将对刀数据输入相应的存储位置或通过 G92 指令设定。

3.2.1   工件的定位与装夹（对刀前的准备工作）

在数控铣床上常用的夹具有平口钳、分度头、三爪自定心卡盘和平台夹具等。经济型数控铣床装夹时一般选用平口钳装夹工件。把平口钳安装在铣床工作台面中心上，找正并固定。常用平口钳如图 3-71 所示，根据工件的高度情况，在平口钳钳口内放入形状合适和表面质量较好的垫铁后，再放入工件，一般工件的基准面朝下，与垫铁面紧靠，然后拧紧平口钳。

图 3-71　常用平口钳

3.2.2　对刀点、换刀点的确定

1. 对刀点的确定

对刀点是指工件在机床上定位装夹后，用于确定工件坐标系在机床坐标系中位置的基准点。对刀点可选在工件或装夹定位元件上，但对刀点与工件坐标点必须有准确、合理、简单的位置对应关系，方便计算工件坐标系原点在机床上的位置。一般来说，对刀点最好能与工件坐标系的原点重合。

2. 换刀点的确定

在使用多种刀具加工的数控铣床或加工中心上，工件加工过程中需要经常更换刀具，换刀点应根据换刀时刀具不碰到工件、夹具和机床的原则而定。

3. 数控铣床的常用对刀方法

对刀操作分为 X、Y 轴向对刀和 Z 轴向对刀。对刀的准确程度将直接影响加工精度。对刀方法一定要与零件加工精度要求相适应。

根据使用的对刀工具不同，常用的对刀方法分为以下几种：

①试切对刀法；

②偏心寻边器、光电寻边器和 Z 轴设定器等工具对刀法；

③顶尖对刀法；

④百分表（或千分表）对刀法；

⑤塞尺、标准芯棒和块规对刀法；

⑥专用对刀器对刀法。

另外，根据选择对刀点位置和数据计算方法的不同，又可分为单边对刀、双边对刀、转移（间接）对刀法和分中对零对刀法（要求机床必须有相对坐标及清零功能）等。

（1）试切对刀法。

试切对刀法简单方便，但会在工件表面留下切削痕迹，且对刀精度较低。下面以方形零件为例进行介绍。

①X、Y 轴向对刀（采用两点求中点的对刀方式）。

- 将工件通过夹具装在工作台上，装夹时，工件的 4 个侧面都应留出对刀的位置。

- 启动主轴中速旋转，选择 ⩗⩗⩗ JOG 功能模式，手动快速移动工作台和主轴，让刀具快速移动到靠近工件右侧有一定安全距离的位置（X 轴向）。

- 刀具靠近工件后，选择 ⊗ MPG 功能模式，改用手轮微调操作（一般用 0.01mm 单位来靠近），让刀具慢慢接近工件右侧，当刀具恰好接触到工件右侧表面时（观察，听切削声音、看切痕或看切屑，只要出现其中一种情况就表示刀具接触到工件），再回退 0.01mm。记录此时屏幕显示的 X 轴机械坐标值，如"385.847"，如图 3-72 所示。

- 刀具沿 Z 轴正方向退刀至工件表面以上，然后用与上两步相同的方法使刀具接触工件的左侧，记录此时屏幕显示的 X 轴机械坐标值，如"285.787"，如图 3-73 所示。

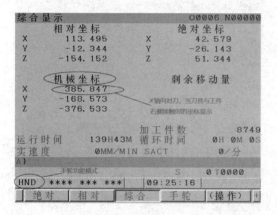

图 3-72　X 轴机械坐标值显示（1）

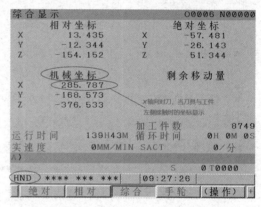

图 3-73　X 轴机械坐标值显示（2）

- 通过计算得出工件在机床坐标系中 X 轴的中心坐标值，即（385.847+285.787）/2=335.817。

- 按机床控制面板上的"OFFSET SETTING"按钮，进入工件坐标系设定画面，如图 3-74 所示。

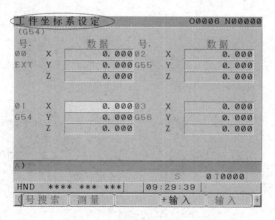

图 3-74　工件坐标系设定画面

- 在缓存区输入计算结果值"335.817"，如图 3-75 所示，再按面板上的"INPUT"按钮或屏幕右下角的"输入"软件按钮将数值输入机床工件坐标系存储地址 G54 中，如图 3-76 所示（使用 G54 ～ G59 来存储对刀数值，此处以 G54 为例）。

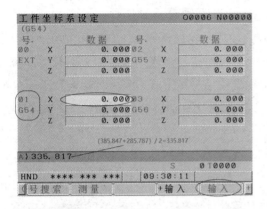

图 3-75　对刀数值输入缓存区　　　　　　　图 3-76　对刀数值输入系统

- 同样操作可测得工件在机床坐标系中 Y 轴的中心坐标值。

② Z 轴向对刀。

- 选择 JOG 功能模式，将刀具快速移动到工件上方。

- 启动主轴中速旋转，将刀具快速移动到靠近工件上表面有一定安全距离的位置。

- 选择 MPG 功能模式，用手轮微调操作（一般用 0.01mm 单位来靠近），让刀具横刃慢慢接近工件表面（注意，刀具的横刃接触工件表面的地方最好是加工时要被铣削掉的部分），当刀具横刃恰好接触到工件上表面时，记录此时机械坐标系中的 Z 值，如"-394.413"，如图 3-77 所示。

- 按机床控制面板上的"OFFSET SETTING"按钮，进入工件坐标系设定画面，将光标移动到对应的数值输入处（工件坐标系 G54 中的 Z 值输入处），如图 3-78 所示。

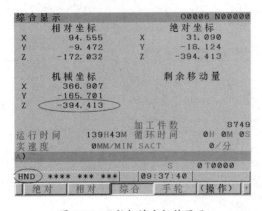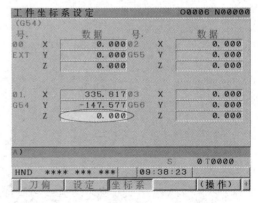

图 3-77　Z 轴机械坐标值显示　　　　　　　图 3-78　工件坐标系设定画面

- 输入"-394.413"，如图 3-79 所示，按"INPUT"按钮或"输入"软件按钮将计算得到的数值输入机床工件坐标系存储地址 G54 中，如图 3-80 所示，这种输入方法与 X、

Y 轴向对刀时的输入方法相同。

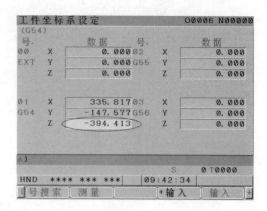

图 3-79　Z 轴向对刀数值输入缓存区　　　　图 3-80　Z 轴向对刀数值输入系统

 提示　　　　Z 轴向对刀的另一种输入方法是：当刀具横刃恰好接触到工件上表面时，将屏幕切换到工件坐标系设定画面，如图 3-81 所示；在缓存区输入"Z0"，按"测量"软件按钮，如图 3-82 所示；数值"-394.413"被输入系统，如图 3-83 所示。

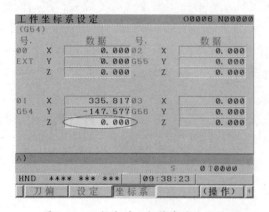 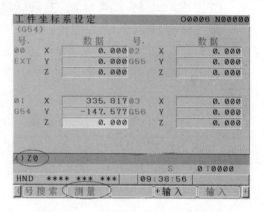

图 3-81　Z 轴向对刀数值存储处画面　　　　图 3-82　Z 轴向对刀数值输入缓存区

图 3-83　Z 轴向对刀数值输入系统

（2）偏心寻边器、光电寻边器和 Z 轴设定器等工具对刀法。

偏心寻边器、光电寻边器用于工件 X、Y 轴向对刀，操作步骤与试切对刀法相似，只是将刀具换成偏心寻边器或光电寻边器，如图 3-84 所示。

（a）偏心寻边器　　　　　　　（b）光电寻边器

图 3-84　寻边器

①偏心寻边器对刀。

使用偏心寻边器因为完全依赖操作者的眼睛来判断，所以对操作者来说有一定的难度，偏心寻边器的对刀操作步骤如下。

- 启动主轴，使偏心寻边器偏心旋转（不大于 500r/min 为佳），手动快速移动工作台和主轴，使偏心寻边器快速移动到靠近工件左侧有一定安全距离的位置，然后降低速度移动到接近工件左侧（X 轴向）。
- 靠近工件后改用手轮微调操作（一般用 0.01mm 单位来靠近），让偏心寻边器慢慢接近工件左侧，观察偏心寻边器的偏心动向，直至偏心消除，记录此时机床坐标系中显示的 X 轴机械坐标值。
- 沿 Z 轴正方向将偏心寻边器退至工件表面以上，用同样方法接近工件右侧，记录此时机床坐标系中显示的 X 轴机械坐标值。操作演示如图 3-85 所示。
- 参照试切对刀法计算工件坐标系原点在机床坐标系中 X 轴坐标值。
- 输入方法与试切对刀法相同。

②光电寻边器对刀。

使用光电寻边器时必须小心使其钢球部位与工件轻微接触，同时被加工工件必须为良导体，定位基准面有较好的表面粗糙度。光电寻边器的对刀操作步骤如下。

- 机床主轴必须保持停止状态，手动快速移动工作台和主轴，使光电寻边器快速移动到靠近工件左侧有一定安全距离的位置，然后降低速度移动到接近工件左侧（X 轴向）。
- 靠近工件后改用手轮，先将手摇倍率调至"×100"，使光电寻边器慢慢接近工件左侧，直至光电寻边器发光，反方向退出光电寻边器使二极管灯灭；再将手摇倍率调至"×10"，使光电寻边器再慢慢接近工件左侧，直至光电寻边器发光，再反方向退出光电寻边器使二极管灯灭；再将手摇倍率调至"×1"，使光电寻边器再慢慢接近工件左侧，直至寻边器发光，记录此时的 X 轴机械坐标值。
- 沿 Z 轴正方向将光电寻边器退至工件表面以上，用同样方法接近工件右侧，记录此时的 X 轴机械坐标值。

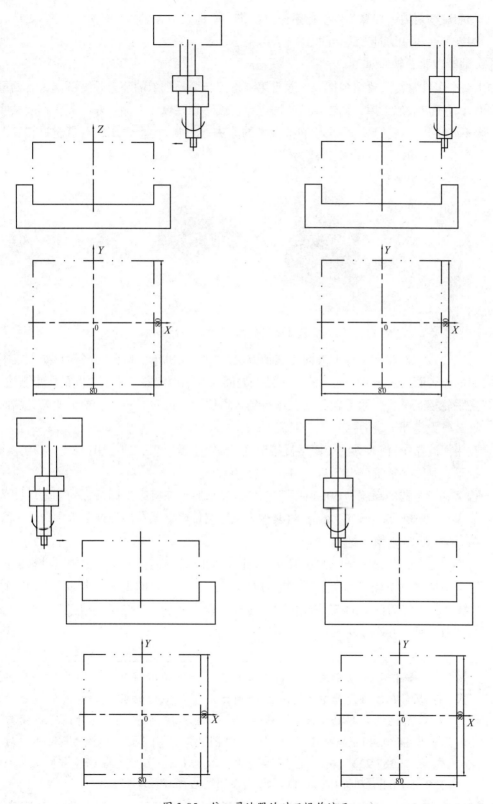

图 3-85　偏心寻边器的对刀操作演示

- 参照试切对刀法计算工件坐标系原点在机床坐标系中 X 轴坐标值。
- 输入方法与试切对刀法相同。

③ Z 轴设定器 Z 轴向对刀。

加工一个工件常常需要用多把刀。通常第二把刀与第一把刀的装刀长度不同，需要重新找零，但有时零点被加工掉，无法直接找回零点，或不容许破坏已加工好的表面，或某些刀具或场合不好直接对刀。这时可采用间接找零的方法。Z 轴设定器常用的有带表式和发光式两种，如图 3-86 所示。下面以发光式为例。

（a）带表式　　　　　　（b）发光式

图 3-86　Z 轴设定器

- 将 Z 轴设定器放在工件上表面（其他方法，如放在机床工作台的平整台面上或平口钳的上表面，这些方法还要测出工件上表面与 Z 轴设定器上表面之间的距离数值）。
- 在手轮模式下，利用手轮移动工作台到合适位置，再向下移动主轴，使刀具端面靠近 Z 轴设定器上表面。
- 改用微调操作，使刀具前端面慢慢接触到 Z 轴设定器上表面，直到其发光二极管变亮。
- 记录此时的 Z 轴机械坐标值，如 "-250.800"。
- 若 Z 轴设定器的高度为 50mm，则工件坐标系原点在机床坐标系中的 Z 轴机械坐标值为 $-250.800-50 = -300.800$，将其输入机床工件坐标系存储地址 Z 值中。
- 抬高主轴，取下第一把刀。
- 对第二把刀，与第一把刀的对刀方法相同，此时又得到一个新的 Z 轴机械坐标值，这个新的 Z 轴机械坐标值是第二把刀对应的工件原点的机床实际坐标值，加工时将它输入第二把刀的 G54 工作坐标中，这样就设定好了第二把刀的零点。其他刀与第二把刀的对刀方法相同。

 提示　　　如果几把刀使用同一 G5* 工作坐标，则步骤可改为将机床工件坐标系存储地址 Z 值设为 0，如图 3-87 所示；将几把刀的 Z 轴向对刀的数值输入机床系统的 "形状（H）" 参数中，如图 3-88 所示，使用时通过调用刀长补正 G43/G44 $Z×× H××$ 即可。以图 3-89、图 3-90 为例，将 Z 轴的对刀数值 "-387.223" 输入了 "004" 的 "形状（H）" 中，所以编程时写为 G43 $Z××$ H04。刀长补正 G43/G44 指令用法后续详细讲解。

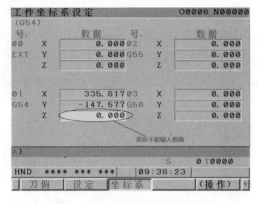

图 3-87　工件坐标系设定画面

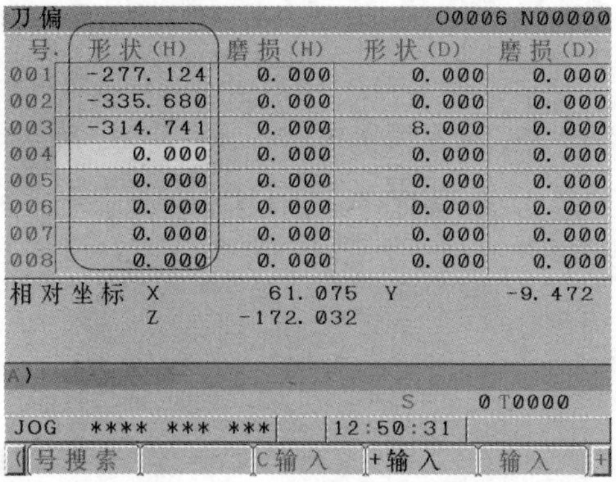

图 3-88　Z 轴向对刀数值输入处

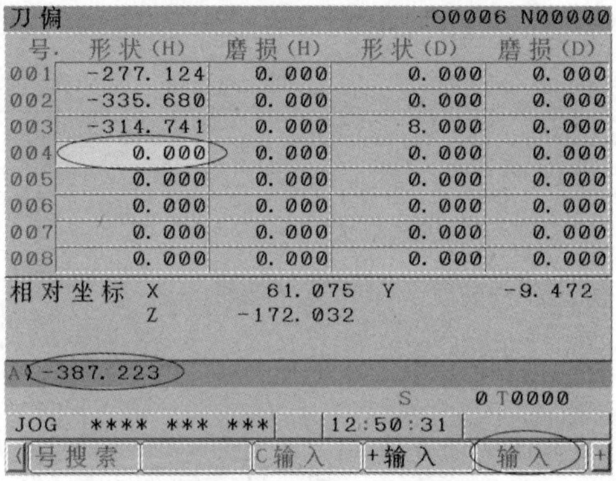

图 3-89　Z 轴向对刀值输入画面

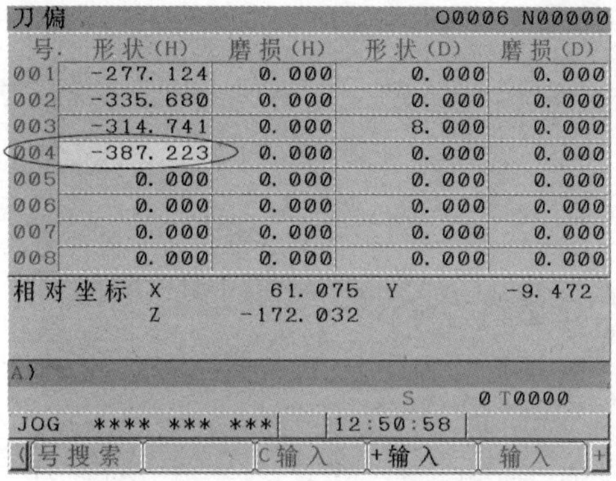

图 3-90　Z 轴向对刀形状（H）输入画面

（3）顶尖对刀法。

顶尖对刀法因为是目测，所以适应于工件较大及精度要求不高的场合。

①X、Y 轴向对刀。

- 将工件通过夹具装在机床工作台上，换上顶尖。
- 快速移动工作台和主轴，让顶尖移动到接近工件的上方，寻找工件画线的中心点，降低速度移动顶尖并接近它。
- 改用微调操作，让顶尖慢慢接近工件画线的中心点，直到顶尖尖点对准工件画线的中心点，记录此时机床坐标系中的 X、Y 轴机械坐标值，并将它们输入工件坐标系中。

②Z 轴向对刀。

卸下顶尖，装上铣刀，其对刀方法与试切对刀法相同，得到 Z 轴机械坐标值。

（4）百分表（或千分表）对刀法。

此种方法一般用于圆形工件的对刀。

①X、Y 轴向对刀。

如图 3-91 所示，将百分表的安装杆装在刀柄上，或将百分表的磁性座吸在主轴套筒上，移动工作台使主轴中心线（即刀具中心）大约移到工件中心；调节磁性座上伸缩杆的长度和角度，使百分表的触头接触工件的圆周面，（指针转动约 0.1mm）用手慢慢转动主轴，使百分表的触头沿着工件的圆周面转动，观察百分表指针的位移情况，慢慢移动工作台的 X 轴和 Y 轴；多次反复操作后，待转动主轴时百分表的指针基本在同一位置（表头转动一周时，其指针的跳动量在允许的对刀误差内，如 0.02mm），这时可认为主轴的中心就是 X 轴和 Y 轴的原点。

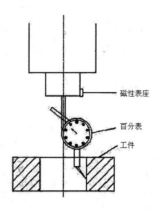

图 3-91　百分表（或千分表）对刀法示意图

②Z 轴向对刀。

卸下百分表装上铣刀，其对刀方法与试切对刀法相同，得到 Z 轴机械坐标值。

（5）塞尺、标准芯棒和块规对刀法

此种方法与试切对刀法相似，只是对刀时主轴不转动，在刀具和工件之间加入塞尺（或标准芯棒、块规），以塞尺恰好不能自由抽动为准，注意计算坐标值时应将塞尺的厚度减去。因为主轴不需要转动切削，所以这种方法不会在工件表面留下痕迹，但对刀精度也不高。

（6）专用对刀器对刀法。

传统对刀方法有安全性差（如塞尺对刀、硬碰硬刀尖易撞坏）、占用机时多（如试切需反复切量几次）及人为带来的随机性误差大等缺点，已经适应不了数控加工的节奏，非常不利于发挥数控机床的功能。专用对刀器对刀具有对刀精度高、效率高、安全性好等优点，把烦琐的靠经验保证的对刀工作简单化，保证了数控机床高效高精度特点的发挥，已成为数控加工机床上解决刀具对刀不可或缺的一种专用工具。由于加工任务不同，专用对刀器也千差万别，此处不再赘述，读者可在实际工作中根据不同需要选择不同的对刀器。

 提示

在对刀操作过程中应注意以下几点。

①根据加工要求采用正确的对刀工具，控制对刀误差。

②在对刀过程中，可通过改变微调进给量来提高对刀精度。

③对刀时需小心谨慎操作，尤其要注意移动方向，避免发生碰撞。

④对刀数据一定要存入与程序对应的存储地址，防止因调用错误而产生严重后果。

3.2.3 对刀启动生效并检验

检验对刀是否正确这一步骤是非常关键的。

①将 Z 轴抬到一定的高度。

②进入面板输入模式（MDI），用键盘输入"G5*"，按"INSERT"按钮输入系统，再按"循环启动"按钮，运行 G5* 使其生效。

 提示 G5* 为对刀时操作者输入对刀数值的那个工件坐标系，范围为 G54 ～ G59。

③同样，在面板输入模式（MDI）用键盘输入"G00 X0 Y0"，按"INSERT"按钮输入系统，再按"循环启动"按钮，校验 X、Y 轴向对刀。

④同理用键盘输入"G00Z50"，按"INSET"按钮输入系统，再按"循环启动"按钮，校验 Z 轴向对刀。注意，为防止意外撞刀，Z 轴一般不输入"0"值来校验。

3.2.4 刀具补偿值的输入和修改

根据刀具的实际尺寸和位置，将刀具半径补偿值和刀具长度补偿值输入与程序对应的存储位置。

注意，补偿的数据正确性、符号正确性及数据所在地址正确性都将威胁加工，从而可能导致出现撞刀危险或加工报废。

在对完刀具后试切加工时，如果发现加工尺寸不符合加工要求，需对对刀数值进行修改，即可根据零件实测尺寸进行刀偏量的修改。

例如，用直径为 $\phi16\text{mm}$（半径为 8mm）的立铣刀加工一外形轮廓，测得工件外形尺寸比要求尺寸偏小 0.04mm（单边为 0.02mm）时，操作步骤如下。

（1）按控制面板上的"OFFSET SETTING"按钮，再按"刀偏"软件按钮，刀偏画面如图 3-92 所示。

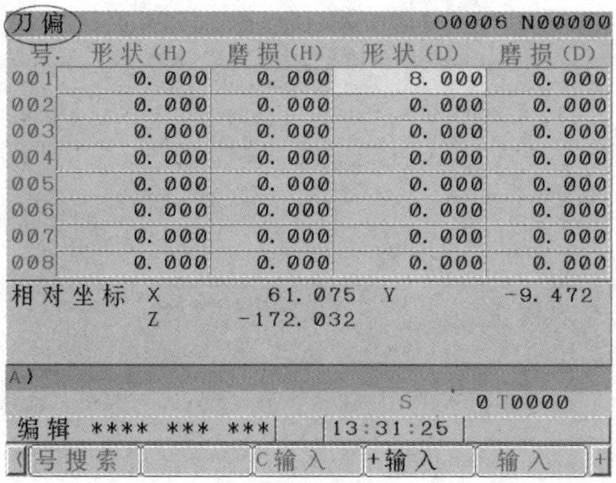

刀偏			O0006 N00000	
号	形 状（H）	磨 损（H）	形 状（D）	磨 损（D）
001	0.000	0.000	8.000	0.000
002	0.000	0.000	0.000	0.000
003	0.000	0.000	0.000	0.000
004	0.000	0.000	0.000	0.000
005	0.000	0.000	0.000	0.000
006	0.000	0.000	0.000	0.000
007	0.000	0.000	0.000	0.000
008	0.000	0.000	0.000	0.000

相对坐标 X   61.075   Y   -9.472
      Z   -172.032

A)
     S   0 T0000
编辑 **** *** ***   13:31:25
[号搜索] [C输入] [+输入] [输入] [+]

图 3-92 刀偏画面

（2）在对应的"号"里将光标移动到要修改的数值处，如图 3-93 所示；在该刀具半径原有数值"8"的基础上，在缓存区输入"0.02"，如图 3-94 所示。

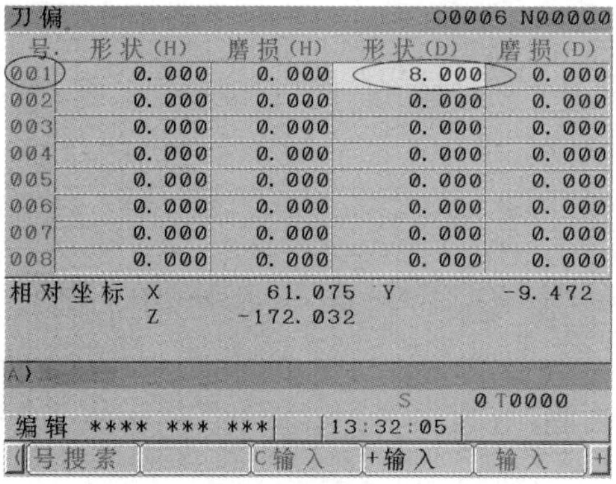

图 3-93　光标对应位置画面

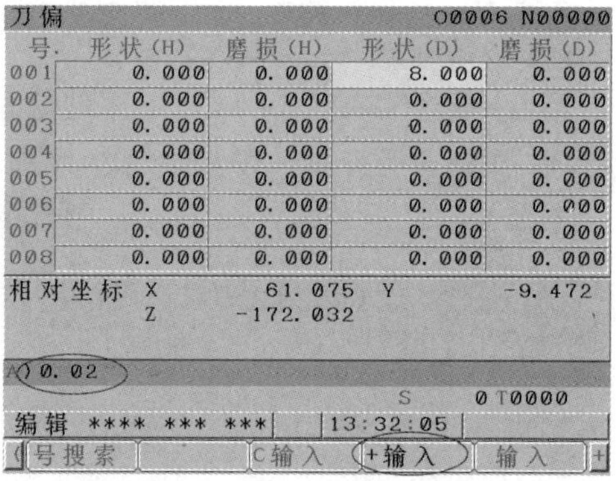

图 3-94　修改值输入缓存区

（3）按"+输入"软件按钮，屏幕下方出现数值输入前的提示画面，如图 3-95 所示。

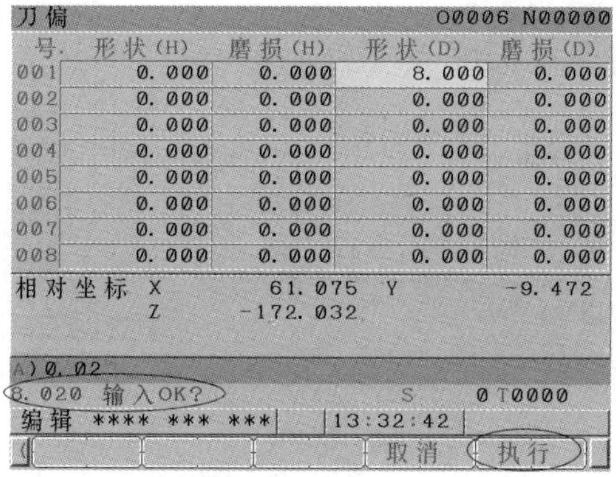

图 3-95　数值输入前的提示画面

（4）按"执行"软件按钮，修改后的对刀数值如图 3-96 所示。

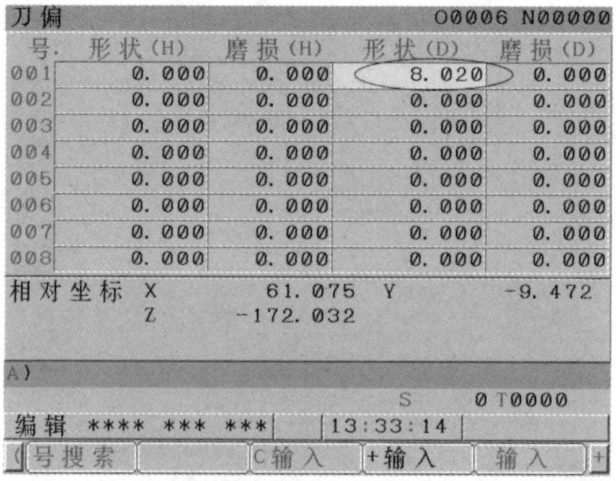

图 3-96　修改后的对刀数值

提示 此数值也可直接输入"磨损（D）"对应的"001号"数值中，如图3-97所示，在缓存区输入"0.02"，如图3-98所示；按"输入"软件按钮或键盘上的"INPUT"按钮，如图3-99所示，其对刀数值结果如图3-100所示。

刀偏			O0006 N00000	
号.	形状（H）	磨损（H）	形状（D）	磨损（D）
001	0.000	0.000	8.000	0.000
002	0.000	0.000	0.000	0.000
003	0.000	0.000	0.000	0.000
004	0.000	0.000	0.000	0.000
005	0.000	0.000	0.000	0.000
006	0.000	0.000	0.000	0.000
007	0.000	0.000	0.000	0.000
008	0.000	0.000	0.000	0.000

相对坐标 X　　　　61.075　Y　　　　−9.472
　　　　　Z　　　−172.032

A)
　　　　　　　　　　　　　　　　S　　　0 T0000
编辑 **** *** ***　　 13:38:25
号搜索　　　　　C输入　　+输入　　 输入

图 3-97　刀具磨损补偿画面

刀偏			O0006 N00000	
号.	形状（H）	磨损（H）	形状（D）	磨损（D）
001	0.000	0.000	8.000	0.000
002	0.000	0.000	0.000	0.000
003	0.000	0.000	0.000	0.000
004	0.000	0.000	0.000	0.000
005	0.000	0.000	0.000	0.000
006	0.000	0.000	0.000	0.000
007	0.000	0.000	0.000	0.000
008	0.000	0.000	0.000	0.000

相对坐标 X　　　　61.075　Y　　　　−9.472
　　　　　Z　　　−172.032

A) 0.02
　　　　　　　　　　　　　　　　S　　　0 T0000
编辑 **** *** ***　　 13:38:56
号搜索　　　　　C输入　　+输入　　 输入

图 3-98　修改值输入缓存区

刀偏			O0006 N00000	
号.	形状（H）	磨损（H）	形状（D）	磨损（D）
001	0.000	0.000	8.000	0.000
002	0.000	0.000	0.000	0.000
003	0.000	0.000	0.000	0.000
004	0.000	0.000	0.000	0.000
005	0.000	0.000	0.000	0.000
006	0.000	0.000	0.000	0.000
007	0.000	0.000	0.000	0.000
008	0.000	0.000	0.000	0.000

相对坐标 X　　　　61.075　Y　　　　−9.472
　　　　　Z　　　−172.032

A) 0.02
　　　　　　　　　　　　　　　　S　　　0 T0000
编辑 **** *** ***　　 13:38:56
号搜索　　　　　C输入　　+输入　　 输入

图 3-99　修改值输入系统

刀偏			O0006 N00000	
号.	形状（H）	磨损（H）	形状（D）	磨损（D）
001	0.000	0.000	8.000	0.020
002	0.000	0.000	0.000	0.000
003	0.000	0.000	0.000	0.000
004	0.000	0.000	0.000	0.000
005	0.000	0.000	0.000	0.000
006	0.000	0.000	0.000	0.000
007	0.000	0.000	0.000	0.000
008	0.000	0.000	0.000	0.000

相对坐标 X　　　　61.075　Y　　　　−9.472
　　　　　Z　　　−172.032

A)
　　　　　　　　　　　　　　　　S　　　0 T0000
编辑 **** *** ***　　 13:39:25
号搜索　　　　　C输入　　+输入　　 输入

图 3-100　对刀数值结果

3.3　编程指令的结构与格式

3.3.1　程序格式

通常，在程序的开头为程序号，之后为加工指令程序段及程序段结束符（；），最后为程序结束指令。

1. 程序号

与数控车床部分相同，参见数控车床程序号部分内容。

2. 程序段的构成

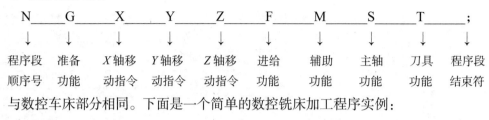

与数控车床部分相同。下面是一个简单的数控铣床加工程序实例：

O0001；

G90 G40 G69 G80；

G54；

S800 M03；

G00 Z100；

X0 Y0；

Z5；

G01 Z-8 F100；

G00 Z50；

M30；

从上面程序可以看出：程序以 O0001 开头，以 M30 结束。在数控机床上，将 O0001 称为程序号，M30 称为程序结束标记。中间部分的每一行（以"；"作为分行标记）称为一个程序段。

程序号、程序结束标记、程序段是加工程序都必须具备的三要素。

3. 程序段顺序号

与数控车床部分相同，参见数控车床程序段顺序号内容。

3.3.2 程序字与输入格式

与数控车床部分相同，参见数控车床程序字与输入格式内容。

3.3.3 准备功能

与数控车床部分相同，参见数控车床准备功能内容。

  FANUC 0i -MD 数控铣床 G 代码及功能如表 3-2 所示。

表 3-2　FANUC 0i -MD 数控铣床 G 代码及功能

G 代码	组	功能	G 代码	组	功能
G00*	01	定位（快速）	G61	15	准确停止方式
G01*		直线插补（切削进给）	G62		自动拐角倍率
G02		顺时针圆弧插补	G63		攻丝方式
G03		逆时针圆弧插补	G64*		切削方式
G04	00	暂停	G65	00	宏程序调用
G10		可编程数据输入	G66	12	宏程序模态调用
G11		可编程数据输入方式取消	G67*		宏程序模态调用取消
G15*	17	极坐标编程取消	G68	16	坐标旋转
G16		极坐标编程	G69*		坐标旋转取消
G17*	02	XpYp 平面选择	G73		钻孔循环
G18		ZpXp 平面选择	G74		左旋螺纹攻丝循环
G19		YpZp 平面选择	G76		精镗循环
G20	06	英寸输入	G80*		固定循环取消
G21		毫米输入	G81		钻孔循环、锪镗循环
G22*	09	存储行程检测功能有效	G82		钻孔循环、反镗循环
G23		存储行程检测功能无效	G83	09	啄式钻深孔循环
G27	00	返回参考点检测	G84		攻丝循环
G28		返回参考点	G85		镗孔循环
G29		从参考点返回	G86		镗孔循环
G30		返回第 2，3，4 参考点	G87		背镗循环
G31		跳转功能	G88		镗孔循环
G33	01	螺纹切削	G89		镗孔循环
G40*	07	刀尖半径补偿取消	G90*	03	绝对值编程
G41		刀尖半径左补偿	G91		增量值编程
G42		刀尖半径右补偿	G92	00	设定工件坐标系或主轴最大转速控制
G49*	08	刀具长度补偿取消	G92.1		工件坐标系预置
G50*	11	比例缩放取消	G94*	05	每分钟进给
G51		比例缩放有效	G95		每转进给
G50.1*	22	镜像取消	G96	13	恒线速度控制
G51.1		镜像设定	G97*		恒线速度控制取消
G52	00	局部坐标系设定	G98*	10	固定循环返回初始点
G53		机床坐标系选择	G99		固定循环返回 R 点
G54*	14	选择工件坐标系 1			
G54.1		选择附加工件坐标系			
G55		选择工件坐标系 2			
G56		选择工件坐标系 3			
G57		选择工件坐标系 4			
G58		选择工件坐标系 5			
G59		选择工件坐标系 6			

注：带 * 者表示开机时会初始化的代码。

3.3.4 辅助功能

与数控车床辅助功能相同，参见数控车床辅助功能内容。FANUC 0i-MD 数控铣床（加工中心）常用的 M 代码及功能如表 3-3 所示，其他 M 代码指令的意义由机床生产商自行定义，可参照机床生产商提供的使用说明书。

表 3-3　FANUC 0i-MD 数控铣床（加工中心）常用的 M 代码及功能

序　号	代　码	功　能
1	M00	程序暂停
2	M01	程序选择暂停
3	M02	程序结束标记
4	M03	主轴正转
5	M04	主轴反转
6	M05	主轴停止
7	M06	自动换刀
8	M07	内冷却开
9	M08	外冷却开
10	M09	冷却关
11	M19	主轴定向
12	M30	程序结束、系统复位
13	M98	子程序调用
14	M99（M17）	子程序结束标记

1. M00（程序暂停）

当执行有 M00 指令的程序段后，不执行下段程序，相当于执行了"进给保持"操作。当按操作面板上的"循环启动"按钮后，程序继续执行。

M00 指令可应用于自动加工过程中，停车进行某些手动操作，如手动变速、换刀、关键尺寸的抽样检查等。

2. M01（程序选择暂停）

M01 指令的作用和 M00 相似，但它必须预先按下操作面板"选择停止"按钮，当执行有 M01 指令的程序段后，才会停止执行程序。如果没有按下"选择停止"按钮，M01 指令无效，程序继续执行。

3. M02（程序结束标记）

M02 指令用于加工程序全部结束。执行该指令后，机床便停止自动运转，切削液关，机床复位。

4．M03（主轴正转）

对于立式铣床，正转设定为由 Z 轴正方向向负方向看去，主轴顺时针方向旋转，如图 3-101（a）所示。

5．M04（主轴反转）

主轴逆时针方向旋转，如图 3-101（b）所示。

（a）M03　　　　　　　　　　　　　　（b）M04

图 3-101　　主轴正转与反转

6．M05（主轴停止）

主轴停止旋转。

7．M06（自动换刀）

机床以自动方式换刀，由控制器即命令 ATC（自动刀具交换装置）执行换刀的动作，不包括刀具选择。

8．M19（主轴定向）

M19 指令用于使主轴停止在预定的角度位置上。

9．M30（程序结束）

在完成程序段所有指令后，使主轴、进给停止，切削液关，机床及控制系统复位，光标回到程序开始的字符位置。

3.3.5　刀具功能

与数控车床刀具功能相同。目前数控铣床（加工中心）使用的是 T2 位数法。

数控铣床（加工中心）刀具功能在使用 T2 位数法时，直接指令刀号，如 T01 为指令 1 号刀具；而刀具补偿存储器号则由其他代码（如 D 或 H 代码）进行选择，如 D2 表示刀具半径补偿值从存储器中的 2 号位"形状（D）"中调取，如图 3-102 所示；同理，H2 表示刀具长度（即高度）补偿值从存储器中的 2 号位"形状（H）"中调取，如图 3-103 所示。

刀偏 O0006 N00000
D2的表示
号. 形状(H) 磨损(H) 形状(D) 磨损(D)
001 0.000 0.000 0.000 0.000
002 0.000 0.000 0.000 0.000
003 0.000 0.000 0.000 0.000
004 0.000 0.000 0.000 0.000
005 0.000 0.000 0.000 0.000
006 0.000 0.000 0.000 0.000
007 0.000 0.000 0.000 0.000
008 0.000 0.000 0.000 0.000
相对坐标 X 61.075 Y -9.472
Z -172.032
A)
S 0 T0000
编辑 **** *** *** 15:57:38
号搜索 C输入 +输入 输入

图 3-102　刀具半径补偿号的确定

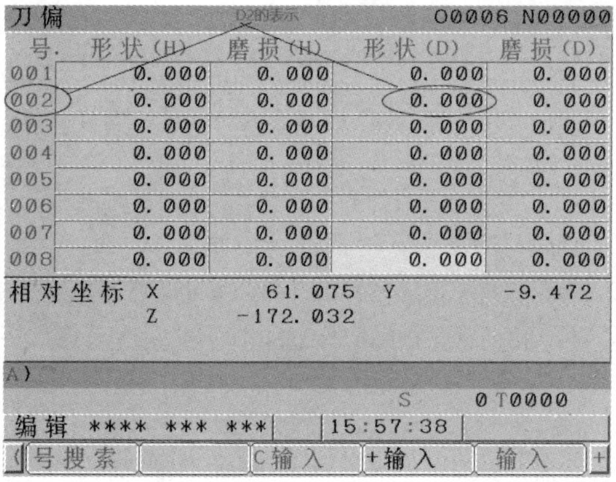

刀偏 O0006 N00000
号. 形状(H) 磨损(H) 形状(D) 磨损(D)
001 0.000 0.000 0.000 0.000
002 0.000 0.000 0.000 0.000
003 0.000 0.000 0.000 0.000
004 0.000 0.000 0.000 0.000
005 H2的表示 0.000 0.000 0.000 0.000
006 0.000 0.000 0.000 0.000
007 0.000 0.000 0.000 0.000
008 0.000 0.000 0.000 0.000
相对坐标 X 61.075 Y -9.472
Z -172.032
A)
S 0 T0000
编辑 **** *** *** 15:57:38
号搜索 C输入 +输入 输入

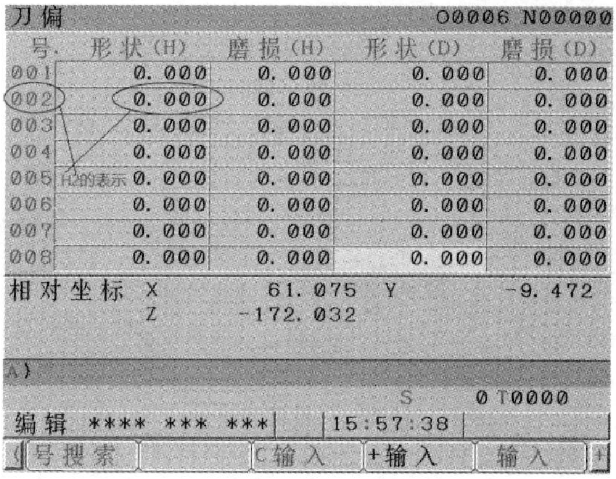

图 3-103　刀具长度补偿号的确定

3.4 常用准备功能

3.4.1 常用轮廓加工 G 代码

1. G90、G91 增量编程 / 绝对编程

在数控铣床（加工中心）机床上，刀具移动量的制定方法有绝对式编程和增量式编程两种，绝对 / 增量尺寸的选择采用 G90/G91 指令。与使用变地址编程格式不同，采用 G90/G91 指令选择绝对 / 增量尺寸时，在同一个程序段中的所有坐标轴只能统一采用绝对或增量指令，如指令 G00 G90 X60 G91 Z40; 是不允许的格式。但在不同程序段中，G90/G91 可以混合编程，即以下程序段是允许的格式：

N10 G00 G90 X60 Z40；　　（*X*，*Z* 分别移动到 60，40 的坐标位置点）

N20 G91 X60 Z40；　　（*X*，*Z* 分别增量移动 60，40 距离）

2. G00 快速点定位

格式　（G90/G91）G00 X __ Y __Z __；

式中，*X*、*Y*、*Z* 为移动的终点坐标值。

G00 指令将刀具从当前位置移动到指令指定的位置（在 G90 绝对坐标方式下），或者移动到某个距离处（在 G91 增量坐标方式下）。

与数控车床 G00 部分相同。

3. G01 直线插补

在数控铣床（加工中心）的运动控制中，工作台（刀具）的运动轨迹是由极小台阶组成的折线（数据点密化），如图 3-104 所示。用数控铣床（加工中心）分别加工直线和曲线 AB，刀具沿 X 轴移动一步或几步（一个或几个脉冲当量 Δx），再沿 Y 轴方向移动一步或几步（一个或几个脉冲当量 Δy），直至到达目标点，从而合成所需的运动轨迹（直线或曲线）。数控系统根据给定的直线、圆弧（曲线）函数，在理想轨迹上的已知点之间进行数据点密化，确定一些中间点的方法，称为插补。

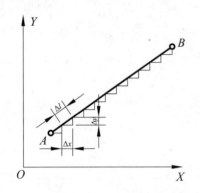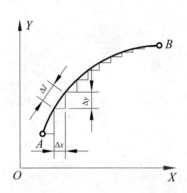

图 3-104　数控铣床（加工中心）插补的定义

　　（G90/G91）G01 X _ Y _ Z _ F_;
式中，F 为进给量。

直线插补以直线方式和指令给定的移动速率，从当前位置移动到指令指定的终点。

　　（1）F：合成进给速度，G01 指令刀具以联动的方式，按 F 指定的合成进给速度，从当前位置按线性路线（联动直线轴的合成轨迹为直线）移动到程序段指令的终点。可以 3 轴同动、2 轴同动或单轴同动。

　　（2）F 指定的进给速度一直有效，直到指定新值，因此不必对每个程序段都指定 F。

　　（3）G01 是模态代码，可由 G00、G02、G03 注销。

　　（4）程序指令中加小数点与不加小数点的数值表示意义相同。

　　如图 3-105 所示，假设刀具从坐标中心开始沿着图示的加工方向切削该图形。

编程如下（不考虑刀补）：

绝对坐标系	增量坐标系
（G90）G01 X25 Y15 F200；	G91 G01 X25 Y15 F200；
（X25）Y25；	（X0）Y10；
X-25（Y25）；	X-50（Y0）；
（X-25）Y-8；	（X0）Y-33；
X0（Y-8）；	X25（Y0）；
（X0）Y0；	（X0）Y8；

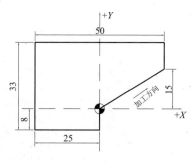

图 3-105　G00、G01 加工示例

 提示　以上程序中圆括号内的指令可省略。

4. G02、G03 圆弧插补

 格式

X-Y 平面上圆弧：

G17（G90/G91）G02/G03 X__ Y__ I__ J__ F__；

G17（G90/G91）G02/G03 X__ Y__ R__ F__；

Z-X 平面上圆弧：

G18（G90/G91）G02/G03 Z__ X__ K__ I__ F__；

G18（G90/G91）G02/G03 Z__ X__ R__ F__；

Y-Z 平面上圆弧：

G19（G90/G91）G02/G03 Y__ Z__ J__ K__ F__；

G19（G90/G91）G02/G03 Y__ Z__ R__ F__；

式中，G90：以绝对坐标方式编程时（系统默认值可省略），圆弧终点在工件坐标系中的坐标。

G91：以增量坐标方式编程时，圆弧终点相对于圆弧起点的位移量。

I、J、K：圆心相对于圆弧起点的增加量，即等于圆心的坐标减去圆弧起点的坐标，如图 3-106 所示，$I=(x-x_1)$；$J=(y-y_1)$，不管使用绝对坐标方式还是增量坐标方式编程，都以增量坐标方式指定；在直径、半径编程时 I 都以半径值表示。

R：圆弧半径。当切削圆弧小于 180º 时，$R>0$；当切削圆弧大于 180º 时，$R<0$。

F：被编程两个轴的合成进给速度。

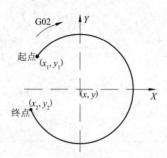

图 3-106 　圆弧编程时 I、J 数值的计算

（1）判断顺时针或逆时针的方法是：在不同平面上其圆弧切削方向（G02 或 G03），依据右手笛卡儿坐标系，视线朝向由垂直于平面轴的正方向往负方向看，顺时针为 G02，逆时针为 G03，如图 3-107 所示。

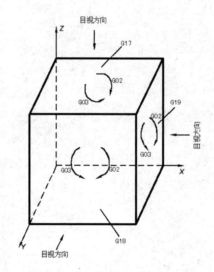

图 3-107 　各坐标平面内 G02、G03 的判断

（2）I、J、K 及 R 的加工范围：
$$0° <I、J、K≤360°$$
$$0° <R<360°$$

（3）同时编入 R 与 I、J、K 时，R 有效，I、J、K 无效。

（4）当 I0 或 J0 或 K0 时，可省略不写。另外，当省略 X、Y、Z 终点坐标时，表示起点和终点为同一个点，即切削整圆。

（5）G17（X-Y 平面）为系统默认平面，编程时可省略。

如图 3-108 所示，用 G02、G03 指令加工图中的 φ60 凸台及 R13 半圆台。

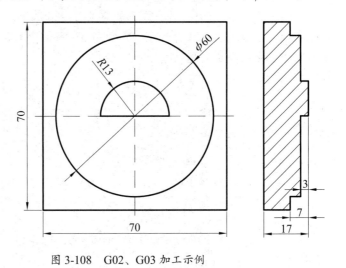

图 3-108　G02、G03 加工示例

编程如下（不考虑刀补）：

（1）用绝对坐标方式（G90）整圆编程。

…

G00 X-50 Y-40;

G01 Z-7 F100;

X-30 F200;

Y0;　　　　　　　　　　　　　　　　　　　　　（切线进刀）

G02 X-30 Y0 I30 J0;（整圆可简写为 G02 I30；）（整圆加工）

G01 Y10;　　　　　　　　　　　　　　　　　　　（切线出刀）

…

（2）用绝对坐标方式（G90）半圆编程。

…

G00 X0 Y-15;

G01 Z-3 F100;

Y0 F200;

X-13;

G02 X13 Y0 R13;　　　　　　　　　　　　　　　（半圆加工）

G01 X0;

…

（3）用增量坐标方式（G91）整圆编程。

…

G91 G00 X-50 Y-40;　　　　　　　　　　（假设刀具开始在 X0、Y0 处）

G01 Z-7 F100；   （假设刀具在 Z0 处）

X20 F200；

Y40；   （切线进刀）

G02 X0 Y0 I30 J0；（整圆可简写为 G02 I30；）   （整圆加工）

G01 Y10；   （切线出刀）

…

（4）用增量坐标方式（G91）半圆编程。

…

G91 G00 X0 Y-15；   （假设刀具开始在 X0、Y0 处）

G01 Z-3 F100；   （假设刀具在 Z0 处）

Y15 F200；

X-13；

G02 X26 Y0 R13；   （半圆加工）

G01 X-13；

…

5. 任意角度倒角、倒拐角圆弧

（1）绝对坐标格式。

（G90）G01 X__ Y__ ,C__ F__；   （倒角）

（G90）G01 X__ Y__ ,R__ F__；   （拐角圆弧过渡）

（G90）G02/03 X__ Y__ R__ ,R__ F__；   （圆弧与圆弧过渡）

式中，G90 可省略。

　　X、Y：夹任意角度倒角、倒拐角圆弧的两条直线延长线交点的绝对
　　　　　坐标。

　　C：从假想交叉点到倒角起点和倒角终点的距离。

　　R：拐角圆弧半径。

（2）增量坐标格式。

　　G91 G01 X__ Y__ ,C__ F__；

　　G91 G01 X__ Y__ ,R__ F__；

　　G91 G02/03 X__ Y__ R__ ,R__ F__；

式中，G91 不可省略。

　　X、Y：夹任意角度倒角、倒拐角圆弧的两条直线延长线交点的增量
　　　　　坐标。

　　C：从假想交叉点到倒角起点和倒角终点的距离。

　　R：拐角圆弧半径。

（1）在数控铣床（加工中心）编程加工中，任意角度倒角和倒拐角圆弧过渡程序段可以任意插入在下面的程序段之间：

在直线插补和直线插补程序段之间；

在直线插补和圆弧插补程序段之间；

在圆弧插补和直线插补程序段之间；

在圆弧插补和圆弧插补程序段之间。

（2）"，C"　"，R"中的逗号"，"在倒角、倒圆弧时需要与否，可由机床参数来设定。

（1）倒角。

如图3-109所示，已知 $C=10$，由直线 $N2$ 向直线 $N1$ 进行任意角度处倒角。由图可知起点坐标 X 为55mm，交点处的 X 坐标为15mm，试进行任意角度处倒角。

①程序（绝对坐标方式）：

G00 X55. Y45.

G01 X25. Y15. ,C10. F150;

X0;

②程序（增量坐标方式）：

G00 X55. Y45.

G91 G01 X-30. Y-30. ,C10. F150;

X-25;

（2）倒拐角圆弧。

如图3-110所示，由直线 $N2$ 向直线 $N1$ 进行任意角度处倒拐角圆弧。

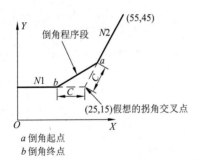

图 3-109　倒角示例　　　　　图 3-110　拐角圆弧示例

①程序（绝对坐标方式）：

G00 X55. Y40.

G01 X25. Y10. ,R10. F150;

X0;

②程序（增量坐标方式）：

G00 X55. Y45.

G91 G01 X-30. Y-30. ,R10. F150;

X-25;

如图 3-111 所示，用倒角和倒拐角圆弧指令编写加工程序。

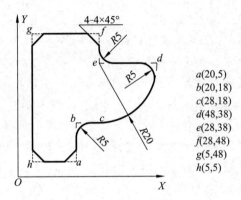

a(20,5)
b(20,18)
c(28,18)
d(48,38)
e(28,38)
f(28,48)
g(5,48)
h(5,5)

图 3-111　倒角、拐角圆弧综合示例

编程如下（不考虑刀补）：

...

G00 X0 Y0;

G01 X5.0 Y5.0 F150;

X20.0 ,C4.0;　　　　　　　　（加工 a 处倒角）

Y18.0 ,R5.0;　　　　　　　　（加工 b 处倒圆弧）

X28;　　　　　　　　　　　　（直线加工到 c 处）

G03 X48.0 Y38.0 R20.0 ,R5.0;　（连续加工圆弧 R20、R5）

G01 X28.0 ,R5.0;　　　　　　（加工 e 处倒圆弧）

Y48.0 ,C4.0;　　　　　　　　（加工 f 处倒角）

X5.0 ,C4.0;　　　　　　　　　（加工 g 处倒角）

Y5.0 ,C4.0;　　　　　　　　　（加工 h 处倒角）

X25;　　　　　　　　　　　　（出刀）

G00 Z50;

...

6. G04 暂停

G04 指令用法参见数控车床 G04 介绍。

7. G16、G15 极坐标编程 / 极坐标编程取消

> G16；
> 极坐标编程生效。
> G15；
> 极坐标编程取消。

（1）使用极坐标编程时，编程指令的格式、代表的意义与所选择的加工平面有关，加工平面的选择仍然利用 G17、G18、G19 等平面选择指令进行。加工平面选定后，所选择平面的第一坐标轴地址用来指令极坐标半径；第二坐标轴地址用来指令极坐标角度，极坐标的 0° 方向为第一坐标轴的正方向。在部分系统中极坐标半径、极坐标角度也可以采用特殊地址。

（2）极坐标原点指定方式：一般将工件坐标系原点直接作为极坐标原点；有的系统可以利用局部坐标系指令（G52）建立极坐标原点。

（3）在极坐标编程时，通过 G90、G91 指令也可以改变尺寸的编程方式。选择 G90 时，半径、角度都以绝对尺寸的形式指定；选择 G91 时，半径、角度都以增量尺寸的形式指定。

如图 3-112 所示的圆周孔加工，现利用极坐标指令来进行圆周孔的中心点定位运动。

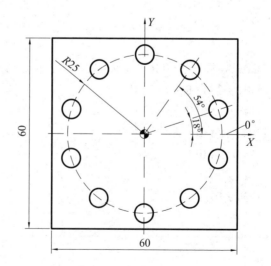

图 3-112 极坐标加工示例

编程如下：

　　…；

G90 G17 G16;	（绝对编程，*X*、*Y* 平面极坐标编程生效）
G00 X25 Y18;	（极坐标半径 25，角度 18°）
Y54;	（极坐标半径 25，角度 54°）
Y90;	
Y126;	
Y162;	
Y198;	
Y234;	
Y270;	
Y306;	
Y342;	
G15;	（极坐标编程取消）
G00 X0 Y0;	
M30;	

8. G40、G41、G42 刀具半径补偿取消 / 左补偿 / 右补偿

本章前面的示例中都以刀具中心点为刀尖点，以此点沿着工件轮廓铣削。但实际情况是刀具有一定直径，因此如果使用该方式加工工件，其结果必然是加工完的工件尺寸小了一个刀具直径值（外轮廓），如图 3-113 所示；或者大了一个刀具直径值（内轮廓），如图 3-114 所示。为了加工出符合尺寸的工件，只要将刀具中心点向外或向内移动一个刀具半径值即可，但此时所有的编程尺寸都要在图纸标注尺寸值的基础上加上或减去一个刀具半径值，因此需操作人员自己重新计算刀路轨迹，极不利于编程。为了减少计算、方便编程，可以工件图纸上的尺寸为编程路径，再利用补偿指令，命令刀具自动向右或向左偏移一个刀具半径值，即操作人员只需按零件的加工轮廓编写程序，数控系统会根据零件轮廓几何描述和刀具半径补偿指令（G41/G42），以及实际加工中所用刀具的半径值自动完成刀具半径补偿计算，如图 3-115、图 3-116 所示。

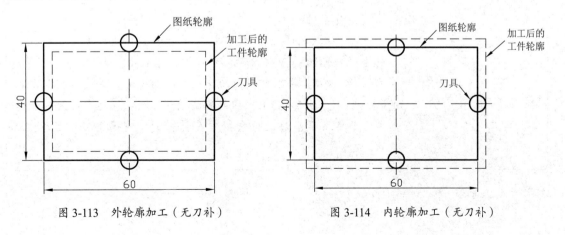

图 3-113　外轮廓加工（无刀补）　　　　　图 3-114　内轮廓加工（无刀补）

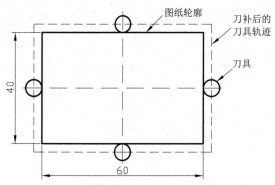

图 3-115 有刀具补偿的外轮廓加工

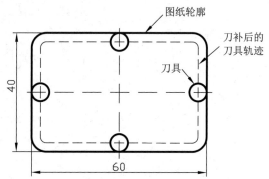

图 3-116 有刀具补偿的内轮廓加工

（以 G17 平面为例）：

G41 X __ Y __ D __；

G42 X __ Y __ D __；

G40 X __ Y __；

式中，G41：刀具半径左补偿。顺着刀具运动方向看，刀具在零件左侧进给，如图 3-117 所示。

G42：刀具半径右补偿。顺着刀具运动方向看，刀具在零件右侧进给，如图 3-117 所示。

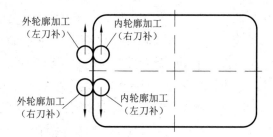

图 3-117 刀具半径左 / 右补偿

G40：取消刀具半径补偿。

X、Y：加工轮廓段的终点坐标。

D：刀具半径补偿值的寄存器号，以 3 位数字表示。如 D001，可简写为 D1，表示刀具半径补偿值的寄存器号为 1 号，如图 3-118 所示。1 号对应的"形状（D）"中的数据为 8，表示刀具半径为 8mm，如图 3-119 所示，此数据由操作人员在加工前根据刀具实际情况输入。

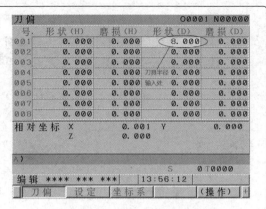

图 3-118　刀具半径补偿号的定义　　　　图 3-119　刀具半径值输入处

　　刀具半径补偿功能可以大大简化编程的坐标点计算工作量，使程序简单明了，但如果使用不当，也很容易引起刀具的干涉、过切与碰撞。为了防止发生以上问题，一般来说，使用刀具半径补偿时应注意以下几点。

　　（1）刀具半径补偿（G41/G42）通常建立在 G01 程序段中，一般不建立在 G00 程序段中。如果需在 G00 程序段中进行刀具半径补偿，若系统设置了G00 非直线型定位，应注意刀具移动过程中的轨迹。

　　（2）刀具半径补偿取消（G40）可以建立在 G00、G01 程序段中。

　　（3）为了使刀具半径补偿（G41/G42）能够顺利建立，必须结合刀具移动的程序指令，并且该指令的移动距离要大于刀具半径补偿值寄存器中所设定的刀具半径值。

　　（4）为了使刀具半径补偿取消（G40）能够顺利取消，在取消时也必须结合刀具移动的程序指令，并且该指令的移动距离要大于刀具半径补偿值寄存器中所设定的刀具半径值。

　　（5）刀具半径补偿的建立（G41/G42）和取消（G40）不能出现在 G02、G03 程序段中。

　　（6）刀具半径补偿的建立（G41/G42）应该在刀具进入工件之前就建立好。同理，刀具半径补偿取消（G40）应该在刀具走出工件后才能取消。

　　（7）在刀具半径补偿有效期间，一般不允许存在两段以上的非补偿平面内移动的程序段。这是因为系统在加工时的轨迹判断和生成预先通过读入下一个程序段的移动轨迹才能生成。非补偿平面内移动的程序段包括：

　　①只有 M、S、T、F 代码的程序段，如 M03 S1500；

　　②暂停程序段，如 G04 X3；

　　③改变补偿平面的程序段，如 G01 Z-8。

　　（8）在刀具半径补偿生效期间，如果执行部分指令（如 G92、G28、G29），刀具半径补偿将被暂时取消，具体情况可参见数控系统操作说明书。

（9）若刀具半径补偿值寄存器中的刀具半径值是负值，则加工时工件方位改变，即 G41 方位变成 G42 方位，G42 方位变成 G41 方位。

（10）在更换新的刀具前或要更改刀具半径补偿方向时，中间必须取消刀具补偿，目的是避免产生加工错误。

 应用刀具半径自动补偿功能，编写图 3-120 所示花瓶的加工完整程序。已知刀具半径为 4mm（刀具半径补偿值寄存器中的刀具半径值也为 4mm，且寄存器号码为"1"号），加工起点坐标（-50,-65），出刀圆弧半径为 10mm，加工深度为 5mm，图示坐标原点为编程原点。

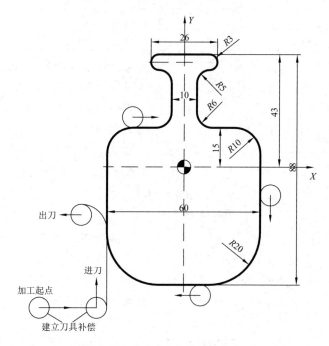

图 3-120　刀具半径补偿加工示例

编程如下：

O0001；　　　　　　　　　（建立程序名）

G90 G40；　　　　　　　　（绝对坐标编程，无刀具半径补偿状态）

G54；　　　　　　　　　　（建立工件坐标系）

M03 S1000；　　　　　　　（刀具运转）

G00 Z100；　　　　　　　　（校验 Z 轴向对刀）

X0 Y0；　　　　　　　　　（校验 X、Y 轴向对刀）

X-50 Y-65；　　　　　　　（刀具移动到起点上方）

Z5；　　　　　　　　　　　（刀具快速向工件上表面逼近）

G01 Z-5 F100；	（刀具深度定位）
G41 D1 X-30 F150；	（结合一段直线移动建立刀具半径补偿）
Y5；	（Y 轴向直线进刀）
G02 X-20 Y15 R10；	（加工左端 R10 圆弧）
G01 X-11；	（X 轴向直线进刀）
G03 X-5 Y21 R6；	（加工左端 R6 圆弧）
G01 Y32；	（Y 轴向直线进刀）
G03 X-10 Y37 R5；	（加工左端 R5 圆弧）
G02 Y43 R3；	（加工左端 R3 半圆）
G01 X10；	（X 轴向直线进刀）
G02 Y37 R3；	（加工右端 R3 半圆）
G03 X5 Y32 R5；	（加工右端 R5 圆弧）
G01 Y21；	（Y 轴向直线进刀）
G03 X11 Y15 R6；	（加工右端 R6 圆弧）
G01 X20；	（X 轴向直线进刀）
G02 X30 Y5 R10；	（加工右端 R10 圆弧）
G01 Y-25；	（Y 轴向直线进刀）
G02 X10 Y-45 R20；	（加工右端 R20 圆弧）
G01 X-10；	（X 轴向直线进刀）
G02 X-30 Y-25 R20；	（加工左端 R20 圆弧）
G03 X-40 Y-15 R10；	（R10 圆弧出刀）
G00 Z100；	（抬刀）
G40 X0Y0；	（结合一段直线移动并取消刀具半径补偿）
M30；	（程序结束）

在编写本程序时也可采用 G01 倒圆弧指令格式。

9. G43、G44、G49 刀具长度正向补偿 / 负向补偿 / 取消

在使用数控铣床（加工中心）加工一个零件时，通常需要几把甚至十几把刀具才能加工完成，实际使用中由于每把刀具的长度都不相同，通过 G43、G44 刀具长度补偿可以自动补偿长度差额，确保 Z 轴向的刀尖位置和编程位置一致。另外，有了刀具长度补偿功能，当加工中刀具因磨损、重磨、换新刀而长度发生变化时，可不必修改程序中的坐标值，只要修改存放在寄存器中刀具长度补偿值即可。

注意：刀具长度补偿若使用不恰当很容易造成撞刀和废品事故，因此必须充分理解和掌握。

 格式　　以 G17 平面为例：
　　　　　　　　G00/G01 G43 Z__ H__；

G00/G01 G44 Z__ H__；

…

G00/G01 G49；

式中，G43：刀具长度正向补偿（G43 指令相当于"+"号）。

　　　G44：刀具长度负向补偿（G44 指令相当于"-"号）。

　　　G49：取消刀具长度补偿。

　　　Z：指令欲定位到 Z 轴的坐标位置。

　　　H：刀具长度补偿值的寄存器号，以 3 位数字表示。如 H002，可简写为 H2，表示刀具补偿值的寄存器号为 2 号，如图 3-121 所示；2 号对应的"形状（H）"中的数据为"-328.341"，表示刀具长度补偿值为"-328.341mm"，如图 3-122 所示，该数据由操作人员在对刀过程中输入。当用 G43 即"+"指令时，该值的系统最终计算结果为"+（-328.341）=-328.341"；当用 G44 即"-"指令时，该值的系统最终计算结果为"-（-328.341）=328.341"。

刀偏			O0001 N00000

号	形状 (H)	磨损 (H)	形状 (D)	磨损 (D)
001	0.000	0.000	0.000	0.000
002	-328.341	0.000	0.000	0.000
003	0.000	0.000	0.000	0.000
004	0.000	0.000	0.000	0.000
005	刀具（半 0.000	0.000	0.000	0.000
006	径、长度 0.000	0.000	0.000	0.000
007	补偿寄存 0.000	0.000	0.000	0.000
008	器号 0.000	0.000	0.000	0.000

相对坐标　X　　0.001　Y　　0.000
　　　　　Z　　0.000

A)

S 0 T0000

编辑 **** *** *** 14:31:21

号搜索　　C输入　+输入　输入

图 3-121　刀具长度补偿号的定义

刀偏			O0001 N00000

号	形状 (H)	磨损 (H)	形状 (D)	磨损 (D)
001	0.000	0.000	0.000	0.000
002	-328.341	0.000	0.000	0.000
003	0.000	0.000	0.000	0.000
004	0.000	0.000	0.000	0.000
005	刀具长度补 0.000	0.000	0.000	0.000
006	偿值输入处 0.000	0.000	0.000	0.000
007	0.000	0.000	0.000	0.000
008	0.000	0.000	0.000	0.000

相对坐标　X　　0.001　Y　　0.000
　　　　　Z　　0.000

A)

S 0 T0000

编辑 **** *** *** 14:31:21

号搜索　　C输入　+输入　输入

图 3-122　刀具长度补偿值输入处

提示

（1）指令 G43、H 设"正值"等同于指令 G44、H 设"负值"的效果；指令 G43、H 设"负值"等同于指令 G44、H 设"正值"的效果。

（2）为了避免指令输入或使用失误，操作人员可根据自己平时的习惯使用指令 G43，H 设正值或负值；或 H 只设正值，使用指令 G43 或 G44。

（3）G43、G44 可以在固定循环的程序段中使用，刀具长度补偿同时对 Z 值和 R 值有效。

（4）在返回参考点时，除非使用 G27、G28、G30 等指令，否则必须取消刀具长度补偿。为了安全，在一把刀加工结束或程序段结束时，都应取消刀具长度补偿。

（5）G43、G44 只对 Z 轴有效，对 X 轴、Y 轴无效。

G43、G44 刀具长度正补偿/负补偿在加工中的具体使用方法一般有如下两种。

（1）方法一（同一个工件坐标系下，以 G54 为例）。

如图 3-123 所示，加工某一工件，需要图中的三把刀才能完成，这三把刀 Z_1、Z_2、Z_3 长短不一，分别对这三把刀进行 Z 轴向对刀。现假设已知"1号刀"对刀在刀具碰到工件上表面时系统显示的机械坐标值为"−305.780"，如图 3-124 所示；"2号刀"对刀在刀具碰到工件上表面时系统显示的机械坐标值为"−385.862"，如图 3-125 所示；"3号刀"对刀在刀具碰到工件上表面时系统显示的机械坐标值为"−338.357"，如图 3-126 所示。现将这三把刀的 Z 轴向对刀值分别存储到对应的三个刀具长度补偿值寄存器中，如图 3-127 所示（也可将三个对刀值设为"+305.780""+385.862""+338.357"）。在工件坐标系 G54 中将"Z"值改为"0"，如图 3-128 所示，不同刀具的"Z"值通过刀具长度补偿指令来进行数值补偿，具体的计算如下。

$$1 号刀 = \underset{\substack{\downarrow \\ \text{G54 中的 Z 值}}}{0} \quad \underset{\substack{\downarrow \\ \text{即 G43}}}{+} \quad \underset{\substack{\downarrow \\ \text{寄存器中 H1 值}}}{(-305.780)} \quad = \quad \underset{\substack{\downarrow \\ \text{最终 Z 轴向坐标值}}}{-305.780}$$

$$2 号刀 = \underset{\substack{\downarrow \\ \text{G54 中的 Z 值}}}{0} \quad \underset{\substack{\downarrow \\ \text{即 G43}}}{+} \quad \underset{\substack{\downarrow \\ \text{寄存器中 H2 值}}}{(-385.862)} \quad = \quad \underset{\substack{\downarrow \\ \text{最终 Z 轴向坐标值}}}{-385.862}$$

$$3 号刀 = \underset{\substack{\downarrow \\ \text{G54 中的 Z 值}}}{0} \quad \underset{\substack{\downarrow \\ \text{即 G43}}}{+} \quad \underset{\substack{\downarrow \\ \text{寄存器中 H3 值}}}{(-338.357)} \quad = \quad \underset{\substack{\downarrow \\ \text{最终 Z 轴向坐标值}}}{-338.357}$$

当寄存器中的值为正值时，具体的计算如下。

$$1 号刀 = \underset{\substack{\downarrow \\ \text{G54 中的 Z 值}}}{0} \quad \underset{\substack{\downarrow \\ \text{即 G44}}}{-} \quad \underset{\substack{\downarrow \\ \text{寄存器中 H1 值}}}{(305.780)} \quad = \quad \underset{\substack{\downarrow \\ \text{最终 Z 轴向坐标值}}}{-305.780}$$

$$2 号刀 = \underset{\substack{\downarrow \\ \text{G54 中的 Z 值}}}{0} \quad \underset{\substack{\downarrow \\ \text{即 G44}}}{-} \quad \underset{\substack{\downarrow \\ \text{寄存器中 H2 值}}}{(385.862)} \quad = \quad \underset{\substack{\downarrow \\ \text{最终 Z 轴向坐标值}}}{-385.862}$$

$$3 号刀 = \underset{\substack{\downarrow \\ \text{G54 中的 Z 值}}}{0} \quad \underset{\substack{\downarrow \\ \text{即 G44}}}{-} \quad \underset{\substack{\downarrow \\ \text{寄存器中 H3 值}}}{(338.357)} \quad = \quad \underset{\substack{\downarrow \\ \text{最终 Z 轴向坐标值}}}{-338.357}$$

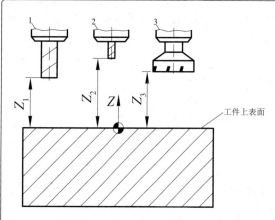

图 3-123　刀具长度补偿示例

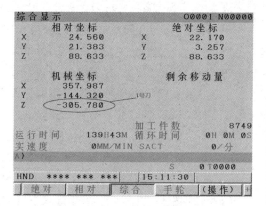

图 3-124　1号刀 Z 轴向对刀值

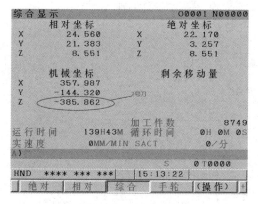

图 3-125　2号刀 Z 轴向对刀值

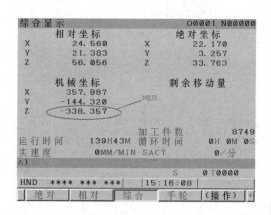

图 3-126　3号刀 Z 轴向对刀值

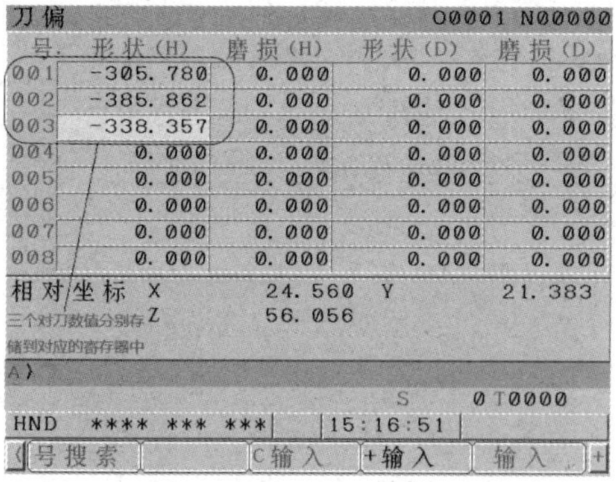

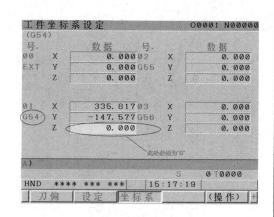

图 3-127　刀具长度补偿值输入

图 3-128　刀具 Z 轴向工件坐标系输入值

加工时编程如下。

数控铣床程序：

O0002；

G90 G40 G49；

G54；　　　　　　（建立工件坐标系，只有 X 轴、Y 轴坐标）

M03 S1200；

G00 G43 Z50 H01； （建立 1 号刀 Z 轴工件坐标系，刀具移动到工件上方 50mm 处。当寄
存器中的数值为正值时，此句程序改为 G00 G44 Z50 H01。下面同理）

X0 Y0；

… （工件加工）

…

G00 G49 Z0； （取消 1 号刀长度补偿，Z 轴返回机床原点）

M05； （主轴停止）

M00； （程序暂停，此时手工换 2 号刀）

M03 S1500；

G00 G43 Z50 H02；（建立 2 号刀 Z 轴工件坐标系，刀具移动到工件上方 50mm 处）

… （工件加工）

…

G00 G49 Z0； （取消 2 号刀长度补偿，Z 轴返回机床原点）

M05； （主轴停止）

M00； （程序暂停，此时手工换 3 号刀）

M03 S1000；

G00 G43 Z50 H03； （建立 3 号刀 Z 轴工件坐标系，刀具移动到工件上方 50mm 处）

… （工件加工）

…

G00 G49 Z0； （取消 3 号刀长度补偿，Z 轴返回机床原点）

M30； （程序结束）

加工中心程序：

O0002；

G90 G40 G49；

G54； （建立工件坐标系，只有 X 轴、Y 轴坐标）

G00 Z0； （Z 轴返回机床原点，对于一些换刀不需返回机床原点的机床此行
可省略）

M06 T01； （机床自动换刀）

M03 S1200；

G00 G43 Z50 H01； （建立 1 号刀 Z 轴工件坐标系，刀具移动到工件上方 50mm 处）

X0 Y0；

… （工件加工）

…

G00 G49 Z0； （取消 1 号刀长度补偿，Z 轴返回机床原点）

M05； （主轴停止）

M06 T02； （机床自动换刀）

M03 S1500；

G00 G43 Z50 H02；（建立 2 号刀 Z 轴工件坐标系，刀具移动到工件上方 50mm 处）

…　　　　　　　　　（工件加工）

…

G00 G49 Z0；　　　（取消 2 号刀长度补偿，Z 轴返回机床原点）

M05；　　　　　　　（主轴停止）

M06 T03；　　　　　（机床自动换刀）

M03 S1000；

G00 G43 Z50 H03；（建立 3 号刀 Z 轴工件坐标系，刀具移动到工件上方 50mm 处）

…　　　　　　　　　（工件加工）

…

G00 G49 Z0；　　　（取消 2 号刀长度补偿，Z 轴返回机床原点）

M30；　　　　　　　（程序结束）

（2）方法二（同一个工件坐标系下，以 G54 为例）。

只要将其中一把刀的"Z"值设为基准值，其他刀具相对基准刀的数值差通过设置长度补偿的方法来实现。

已知上例三把刀的 Z 轴向对刀数值分别为"-305.780""-385.862""-338.357"，现将 1 号刀的"Z"值作为基准刀值直接输入工件坐标系设定中的 G54 中，如图 3-129 所示；将其余 2 把刀与 1 号刀的差值输入补偿值寄存器中，如图 3-130 所示；用 G43 指令进行 2、3 号刀 Z 轴补偿值设定，具体的计算过程为

2 号刀 = -305.780 + （-80.082） = -385.862。

3 号刀 = -305.780 + （-32.577） = -338.357。

此差值同样在寄存器中可为正值，编程时用 G44 指令即可，具体的计算过程为

2 号刀 = -305.780 - （80.082） = -385.862。

3 号刀 = -305.780 - （32.577） = -338.357。

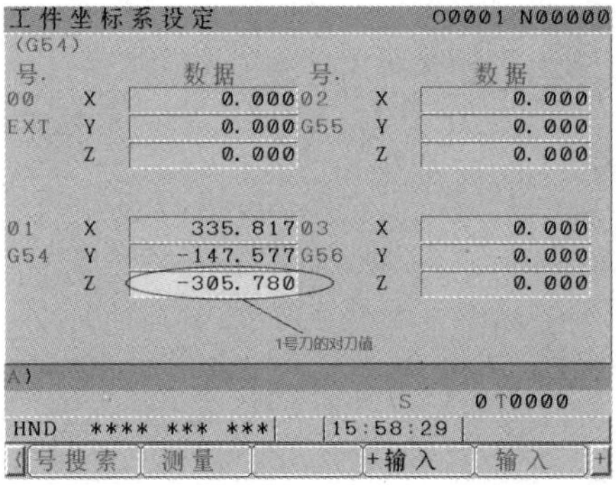

图 3-129　工件坐标系设定画面

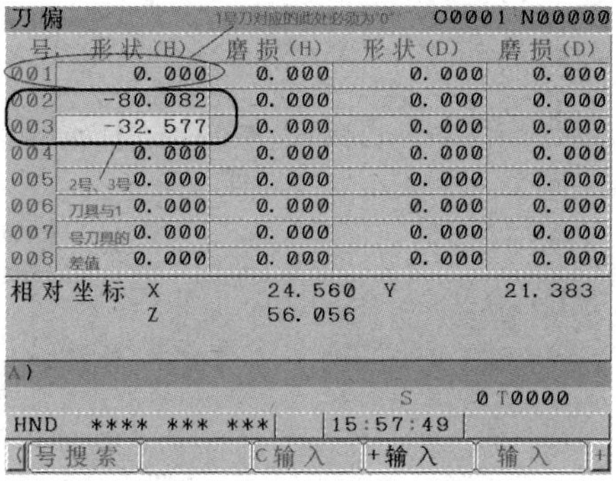

图 3-130　刀具长度补偿值输入

加工时编程如下。

数控铣床程序：

O0002；

G90 G40 G49；

G54；　　　　　　　　（以 1 号刀为基础，建立工件坐标系）

M03 S1200；

G00 Z50　　　　　　　（刀具移动到工件上方 50mm 处）

X0 Y0；

…　　　　　　　　　　（工件加工）

…

G00 Z150　　　　　　 （抬刀为手工换刀留有足够的高度）

M05；　　　　　　　　（主轴停止）

M00；　　　　　　　　（程序暂停，此时手工换 2 号刀）

M03 S1500；

G00 G43 Z50 H02；（建立 2 号刀 Z 轴工件坐标系，刀具移动到工件上方 50mm 处）

…　　　　　　　　　　（工件加工）

…

G00 G49 Z150；　　　 （取消 2 号刀长度补偿，Z 轴抬到一定高度）

M05；　　　　　　　　（主轴停止）

M00；　　　　　　　　（程序暂停，此时手工换 3 号刀）

M03 S1000；

G00 G43 Z50 H03；（建立 3 号刀 Z 轴工件坐标系，刀具移动到工件上方 50mm 处）

…　　　　　　　　　　（工件加工）

…

G00 G49 Z150；　　　 （取消 3 号刀长度补偿，Z 轴抬到一定高度）

M30；　　　　　　　　（程序结束）

加工中心程序：

O0002；

G90 G40 G49；

G28 G00 Z0　　　 （Z 轴返回机床原点，对于一些换刀不需返回机床原点的机床来说
　　　　　　　　　　 此行可省略）

M06 T01；　　　　　 （机床自动换刀）

G54；　　　　　　　 （以 1 号刀为基础，建立工件坐标系）

M03 S1200；

G00 Z50；　　　　　 （刀具移动到工件上方 50mm 处）

X0 Y0；

…　　　　　　　　　 （工件加工）

…

G00 Z150　　　　　 （Z 轴向抬刀）

M05；　　　　　　　 （主轴停止）

G28 G00 Z0　　　 （Z 轴返回机床原点，对于一些换刀不需返回机床原点的机床来说
　　　　　　　　　　 此行可省略）

M06 T02；	（机床自动换刀）
M03 S1500；	
G00 G43 Z50 H02；	（建立2号刀Z轴工件坐标系，刀具移动到工件上方50mm处）
…	（工件加工）
…	
G00 G49 Z150；	（取消2号刀长度补偿，Z轴向抬刀）
M05；	（主轴停止）
G28 G00 Z0	（Z轴返回机床原点，对于一些换刀不需返回机床原点的机床此行可省略）
M06 T03；	（机床自动换刀）
M03 S1000；	
G00 G43 Z50 H03；	（建立3号刀Z轴工件坐标系，刀具移动到工件上方50mm处）
…	（工件加工）
…	
G00 G49 Z150；	（取消2号刀长度补偿，Z轴向抬刀）
M30；	（程序结束）

10. G51.1、G50.1 镜像设定/镜像取消

镜像加工也称为对称加工，是数控镗铣床常见的加工之一。当加工某些对称图形时，为了避免重复编写类似的程序，缩短加工程序，可采用镜像加工功能。图3-131所示的对称图形，编程轨迹为其中任一图形，其他图形可通过镜像加工指令完成。一般情况下，镜像加工指令需要与子程序调用一起使用（子程序调用参见数控车床部分子程序用法）。

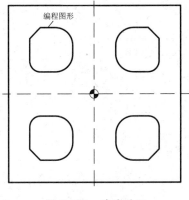

图 3-131　对称图形

　　　G51.1 X__ Y__；

　　　　　　　　G50.1 X__ Y__；

　　　　式中，G51.1：镜像设定。

　　　　　　　G50.1：镜像取消。

　　　　　　　X、Y：镜像坐标轴，如同在坐标轴位置上放一面镜子一样。

镜像设定的具体用法如下。

程序段 G51.1 X0：程序关于 X 轴上的数值对称，其对称轴为 $X=0$ 的直线，即 Y 轴，如图 3-132 所示。

程序段 G51.1 Y0：程序关于 Y 轴上的数值对称，其对称轴为 $Y=0$ 的直线，即 X 轴，如图 3-133 所示。

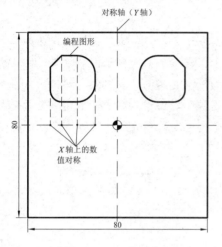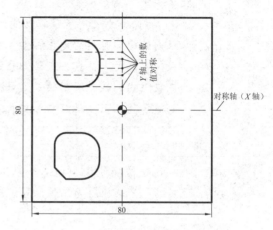

图 3-132　Y 轴镜像　　　　　　　　　　图 3-133　X 轴镜像

程序段 G51.1 X0 Y0：程序关于（0,0）对称，即关于原点对称，其对称轴为 X、Y 数值相同并经过坐标轴中心的一条斜线，如图 3-134 所示。

镜像取消的具体用法如下。

程序段 G50.1 X0：取消对称轴为 $X=0$ 的直线，即取消 Y 轴为对称轴（留下 X 轴镜像）。

程序段 G50.1 Y0：取消对称轴为 $Y=0$ 的直线，即取消 X 轴为对称轴（留下 Y 轴镜像）。

程序段 G50.1 X0 Y0：取消程序关于（0,0）对称，即取消关于原点对称。

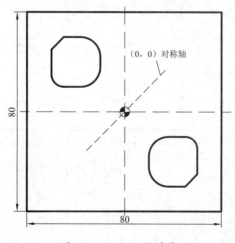

图 3-134　X、Y 轴镜像

提示　（1）镜像加工并不一定要求关于坐标轴对称，它可以关于任意直线或任意点对称。如 G51.1 X8，关于直线 X=8 对称；又如 G51.1 X5 Y10，关于点（5,10）对称，但在实际加工中这种情况不多。

　　（2）使用镜像加工功能时，因数控镗铣床的 Z 轴一般安装刀具，因此 Z 轴一般都不能进行镜像（对称）加工。

　　（3）镜像指令一旦被使用，若没有取消则持续有效，此时若再使用镜像指令，则会产生叠加。

　　（4）由于使用了镜像功能，刀具的行走方向会随之变化，如在加工第二象限内的轮廓时用的是左补偿（顺铣），在加工第一象限内的轮廓时则变成了右补偿（逆铣），在加工第四象限内的轮廓时用的是左补偿（顺铣），在加工第三象限内的轮廓时用的是右补偿（逆铣）。由于切削方向不同，会带来加工表面质量的不同，所以在加工表面质量要求高的零件时，要慎用镜像功能。

示例　用镜像功能指令加工如图 3-135 所示的对称凸台图形，加工刀具为 ϕ16 立铣刀，Z 轴原点为工件的最上表面。

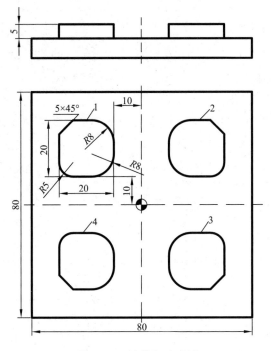

图 3-135　镜像加工示例

编程如下：

O0004;　　　　　　（主程序）

G90 G40 G50.1;

G54;

```
M03 S1000;
G00 Z50.;
X0 Y0;
Z5.;
M98 P0005;        （原始轮廓图形 1 加工）
G51.1 X0;         （原始轮廓图形以 Y 轴为镜像轴，进行第一次镜像）
M98 P0005;        （轮廓图形 2 加工）
G51.1 Y0;         （再以 X 轴为镜像轴，此时已叠加成 X 轴、Y 轴镜像，进行第二次镜像）
M98 P0005;        （轮廓图形 3 加工）
G50.1 X0;         （取消 Y 轴镜像，留下 X 轴以原始轮廓图形再次镜像）
M98 P0005;        （轮廓图形 4 加工）
G50.1 Y0;         （再次取消 X 轴镜像，此时已无镜像轴）
G00 Z100.;
M05;
M30;


O0005;            （子程序）
G00 X-50 Y0;      （刀具移动到加工轮廓外一点）
G01 Z-5 F100;
G41 D1 X-30 F150; （建立刀补）
Y25;              （零件加工）
X-25 Y30;
X-18;
G02 X-10 Y22 R8;
G01 Y18;
G02 X-18 Y10 R8;
G01 X-25;
G02 X-30 Y15 R5;
G03 X-40 Y25 R10;
G00 Z5;
G40 X0 Y0;        （取消刀补）
M99;              （由子程序返回主程序）
```

11. G54 ～ G59 选择工件坐标系

若在同一个工作台上同时加工多个相同零件或不同零件，它们都有各自的尺寸基准，在编程过程中，有时为了避免尺寸换算，可以建立 6 个工件坐标系，如图 3-136、图 3-137 所示。其坐标原点设在便于编程的某个固定点上，当加工某个零件时，只要选择相应的工件坐标系即可编写加工程序。6个工件坐标系都以机床原点为参考点，如图3-138所示，分别以各自与机床原点的偏移量表示，但需要提前输入机床系统内部。

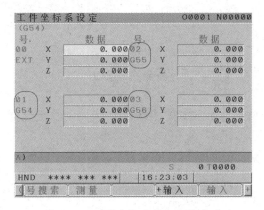
图 3-136　工件坐标系设定画面（1）

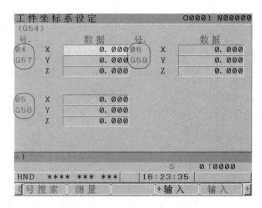
图 3-137　工件坐标系设定画面（2）

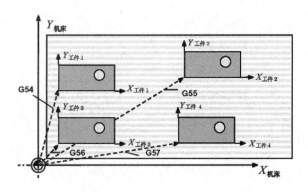
图 3-138　工件坐标系与机床坐标系

 格式　　G54 ～ G59

式中，G54：工件坐标系第一设定。

G55：工件坐标系第二设定。

G56：工件坐标系第三设定。

G57：工件坐标系第四设定。

G58：工件坐标系第五设定。

G59：工件坐标系第六设定。

具体数值设置可参见本章前面对刀部分。

 提示　　（1）G54 ～ G59 工件坐标系一经设定，工件坐标原点在机床坐标系中的位置是不变的，它与刀具的当前位置无关，除非更改，否则在系统断电后并不会被改变，再次开机（若系统需返回参考点，在返回参考点后）仍有效。

（2）在 G54 ～ G59 工件坐标系建立的过程中，号为 00 组的坐标系中不能存放数值，如图 3-139 所示，否则在加工时该组中的坐标值将会与下面号为 01 ～ 06（即 G54 ～ G59）中的坐标系数值产生叠加，造成工件坐标偏移而出现加工错误。如图 3-140 所示，某零件在加工时以 G54 为工件坐标系，其工件坐标原点的坐标数值如图中所示，由于 00 组中已存放数值（存放的数值可正可负，图中为正），所以在加工时系统计算的工件坐标系位置值为：$X=317.812+50=367.812$，$Y=-225.882+80=-145.882$，$Z=-368.631+50=-318.631$。由此可见坐标系已发生了偏移，其他工件坐标系计算类似。

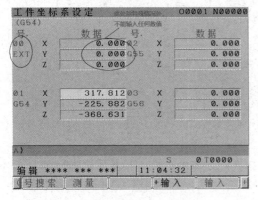

图 3-139　工件坐标系设定画面（3）

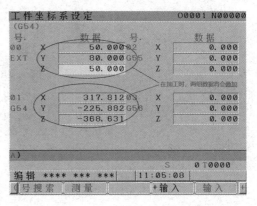

图 3-140　工件坐标系设定（4）

12. G68、G69 坐标旋转 / 坐标旋转取消

在数控铣床（加工中心）的加工过程中，对于某些围绕中心旋转得到的特殊轮廓加工，如果根据旋转后的实际加工轨迹进行编程，就可能使坐标计算的工作量大大增加。而通过图形坐标旋转功能，可以大大简化编程的工作量。另外，如果工件的形状由许多相同的图形组成，可将图形单元编成子程序，然后采用主程序的旋转指令调用来进行加工，这样不仅可以简化编程，而且省时，也节省存储空间。

G17 G68 X__ Y__ R__;

G18 G68 Z__ X__ R__;

G19 G68 Y__ Z__ R__;

…

G69;

式中，G68：开始坐标旋转。

G69：结束坐标旋转。

XY，ZX，YZ：旋转中心的坐标值，由当前平面选择指令确定。当省略旋转中心的坐标值时，系统默认刀具当前位置为旋转中心。

R：旋转角度。正值表示逆时针旋转，负值表示顺时针旋转，旋转角度范围为 -360° ～ +360°。

（1）坐标旋转指令 G68 可以用 G90（绝对坐标）和 G91（增量坐标）来表示，如图 3-141 所示。

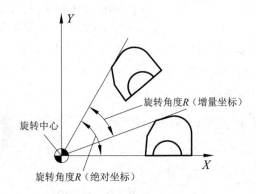

图 3-141　旋转角度绝对 / 增量坐标定义

（2）若程序中未设定 R 值，则系统参数中原先设定的值被认为角度位移值。

（3）取消坐标系旋转指令 G69 可以单独成一行，也可以放在其他指令的程序段中，如 G00 G69 X__ Y__。

如图 3-142 所示的零件图，为了简化编程，试用坐标旋转指令编写图中凹槽的加工程序。已知加工刀具为 ϕ8 的键槽铣刀。

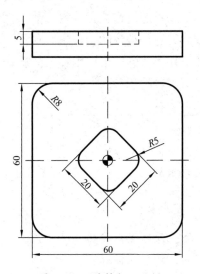

图 3-142　旋转加工示例

因为采用了旋转指令，所以编程的原程序就是一个正方形槽，如图 3-143 所示，旋转 45° 后则变成了图纸所要求的图形。

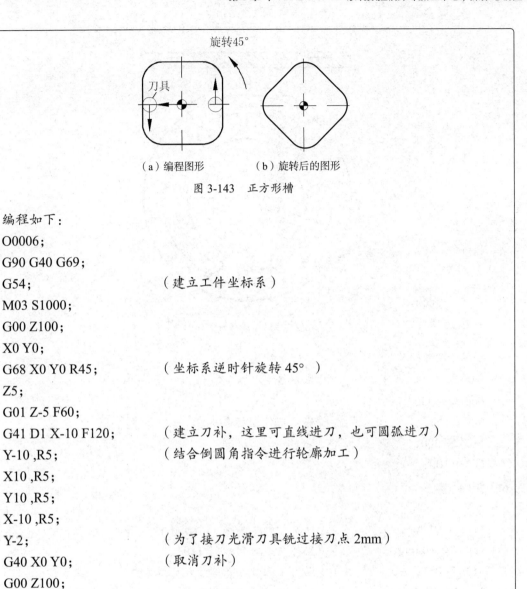

（a）编程图形　　　（b）旋转后的图形

图 3-143　正方形槽

编程如下：

O0006；

G90 G40 G69；

G54；　　　　　　　　　（建立工件坐标系）

M03 S1000；

G00 Z100；

X0 Y0；

G68 X0 Y0 R45；　　　　（坐标系逆时针旋转 45°）

Z5；

G01 Z-5 F60；

G41 D1 X-10 F120；　　　（建立刀补，这里可直线进刀，也可圆弧进刀）

Y-10 ,R5；　　　　　　　（结合倒圆角指令进行轮廓加工）

X10 ,R5；

Y10 ,R5；

X-10 ,R5；

Y-2；　　　　　　　　　（为了接刀光滑刀具铣过接刀点 2mm）

G40 X0 Y0；　　　　　　（取消刀补）

G00 Z100；

G69；　　　　　　　　　（取消旋转）

M30；

　　　编写如图 3-144 所示的 3 个圆弧槽程序，已知加工刀具为 $\phi8$ 的键槽铣刀。

　　　由于 3 个圆弧槽相同，且环形分布，所以可以采用容易计算和编程一个圆弧槽的程序为子程序，并结合旋转指令来完成其余 2 个圆弧槽的加工。从本例可以看出，最上面的一个圆弧槽最容易计算和编程（其槽上各基点的计算自行计算，此处省略）。

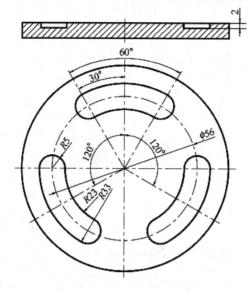

图 3-144　旋转加工示例

编程如下：

O0010　　　　　　　　　　　（主程序）

G90 G40 G69；

G54；　　　　　　　　　　　（建立工件坐标系）

M03 S1000；

G00 Z100；

X0 Y0；

Z5；

M98 P0011；　　　　　　　　（调用子程序，第一个圆弧槽加工）

G68 X0 Y0 R120；　　　　　　（坐标系逆时针旋转120°）

M98 P0011；　　　　　　　　（调用子程序，第二个圆弧槽加工）

G68 X0 Y0 R240；　　　　　　（坐标系以原程序逆时针旋转240°）

M98 P0011；　　　　　　　　（调用子程序，第三个圆弧槽加工）

G00 Z100；

G69；　　　　　　　　　　　（取消旋转）

X0 Y0；

M30；

O0011；　　　　　　　　　　（子程序）

G00 X0 Y28；　　　　　　　　（刀具移动到加工槽的中心）

G01 Z-5 F60；

G41 D1 Y33 F120；　　　　　　（建立刀补）

G03 X-16.5 Y28.579 R33；　　　（圆弧槽加工）

```
X-11.5 Y19.919 R5;
G02 X11.5 R23;
G03 X16.5 Y28.579 R5;
X0 Y33 R33;
G01 G40 X0 Y28;          （取消刀补）
G00 Z5;                  （抬刀）
M99;                     （由子程序返回主程序）
```

13. G92 设定工件坐标系

G92 指令用来设定刀具的起刀点即程序开始运动的起点，从而建立工件坐标系。工件坐标系原点称为程序零点，执行 G92 指令后，就确定了刀具起刀点与工件坐标系坐标原点的相对距离。G92 指令执行前的刀具位置，必须放在程序所要求的位置上，否则将会出现错误。

G92 X__ Y__ Z__;

式中，X、Y、Z 是指刀具现在位置（基准点）在所设定的工件坐标系中的新坐标值。

（1）利用 G92 设定的工件坐标系原点是随时可变的，即它设定的是"浮动"的工件坐标原点，在程序中可以多次使用、不断改变，使用比较灵活。其缺点是每次设定都需要进行手动对基准点操作，且操作步骤较多，并影响基准点的精度。此外，由 G92 设定的工件坐标系原点，在机床关机后不能记忆，因此通常适于单件加工时使用。而 G54 ～ G59 工件坐标系原点是固定不变的，它在机床坐标系建立后即生效，在程序中可以直接选用，不需要进行手动对基准点操作，原点精度高。机床在关机后也能记忆，因此通常适于批量加工时使用。

（2）一般使用 G54 ～ G59 指令后，就不再使用 G92 指令。若使用，则原来由 G54 ～ G59 设定的工件坐标系原点将被移动到 G92 后面的 X、Y 值处。例如，

…

G54;   （G54 建立了工件坐标系）

…

G92 X20 Y30;   （此时工件坐标系将向 X 轴正方向偏移 20mm，向 Y 轴正方向偏移 30mm）

…

如图 3-145 所示的工件零件，以工件上表面及工件中心为加工原点，要求用 G92 指令设定工件坐标系再进行零件加工，操作步骤如下。

（1）采用对刀的方法，运用手轮将刀具移动到工件中心及上表面，如图 3-146 所示。

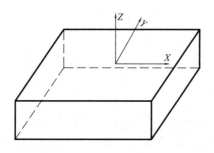
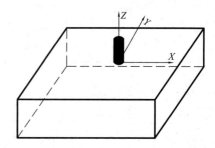

图 3-145　零件毛坯及坐标原点示例　　　图 3-146　用 G92 指令设定工件坐标系时的刀具位置

（2）此时刀具不能移动，编写加工零件程序，在程序首行输入 G92 X0 Y0 Z0。

（3）从第二行开始按正常程序编写。

编程如下（数铣格式）：

O0015；

G92 X0 Y0 Z0；　　　　（建立工件坐标系）

G00 Z10；　　　　　　　（抬刀，以便刀具移动）

M03 S1000；　　　　　　（机床转速）

X-70 Y-70；　　　　　　（刀具移出工件，具体数值根据图纸设定）

G01 Z-3 F100；　　　　　（刀具下刀，具体数值根据图纸设定）

G41 D1 …；　　　　　　（建立刀补）

…

M30；

3.4.2　常用固定循环指令

前面介绍的常用加工指令中，每个 G 指令一般都对应机床的一个动作，它需要用一个程序段来实现。为了进一步提高编程的工作效率，FANUC 系统设计了固定循环功能，用一个 G 指令表达，它用于典型孔加工中的一些固定且连续的动作。固定循环的本质和作用与数控车床一样，其根本目的是简化程序，减少编程工作量。常用的循环调用指令有 G73、G74、G76、G80 ～ G89 等，固定循环指令能完成的工作有钻孔、铰孔、攻螺纹和镗孔等。

固定循环通常包括以下 6 个基本操作动作（见图 3-147）。

① X 轴和 Y 轴定位（动作 1，到起始平面处）。

② 快速进给到 R 点（动作 2，到 R 平面处）。

③ 孔加工（动作 3，钻孔、铰孔、镗孔等）。

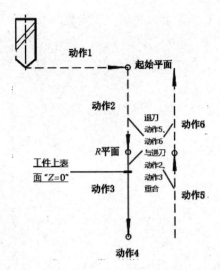

图 3-147　固定循环指令加工基本动作示意图

④孔底的动作（动作 4，暂停、主轴停等）。

⑤退回到 R 点（动作 5，到 R 平面处）。

⑥快速运行到初始点及其他位置（动作 6）。

 提示　　图 3-147 中的实线表示切削进给运动，虚线表示快速运动（后续图形所有表示相同）。初始平面是为了安全下刀而规定的一个平面；R 平面表示刀具下刀时自快速进给转为工作进给的高度平面。

FANUC 0i 系统的固定循环功能如表 3-4 所示。

表 3-4　FANUC 0i 系统的固定循环功能

G 代码	代码用途	加工运动 （Z 轴负向）	孔底动作	返回运动 （Z 轴负向）
G73	高速深孔钻削	分次切削进给		快速定位进给
G74	左螺纹攻丝	切削进给	暂停 - 主轴正转	切削进给
G76	精镗循环	切削进给	主轴定向，让刀	快速定位进给
G80	取消固定循环	切削进给		快速定位进给
G81	普通钻削循环	切削进给		快速定位进给
G82	钻削或粗镗削	切削进给	暂停	快速定位进给
G83	深孔钻削循环	分次切削进给		快速定位进给
G84	右螺纹攻丝	切削进给	暂停 - 主轴反转	切削进给
G85	镗削循环	切削进给		切削进给
G86	镗削循环	切削进给	主轴停止	快速定位进给
G87	反镗削循环	切削进给	主轴正转	快速定位进给
G88	镗削循环	切削进给	暂停 - 主轴停止	手动
G89	镗削循环	切削进给	暂停	切削进给

作为孔加工固定循环的基本要求，必须在固定循环指令中（或执行循环前）定义以下参数。

（1）G90 绝对坐标方式，G91 增量坐标方式。在不同方式下，对应的循环参数编程格式也要与之对应，在采用绝对坐标方式 G90 时 R 为孔底的 Z 坐标值，当采用增量坐标方式 G91 时 Z 规定为 R 平面到孔底的距离，如图 3-148 所示。

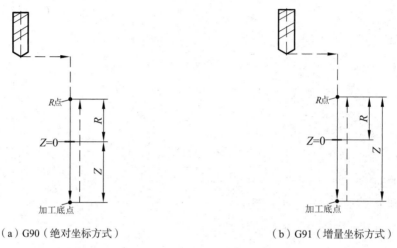

（a）G90（绝对坐标方式） （b）G91（增量坐标方式）

图 3-148 固定循环绝对坐标方式和增量坐标方式

（2）固定循环执行完成后刀具的 Z 轴返回点（即返回平面）的坐标值。由对应的返回平面选择指令 G98、G99 进行选择，如图 3-149 所示。G98 指令在加工完成后刀具返回 Z 轴循环起点（即起始平面），G98 指令为系统默认指令，编程时用到该指令时可省略不写；G99 指令在加工完成后刀具返回 Z 轴孔切削加工开始的 R 点（即 R 平面）。

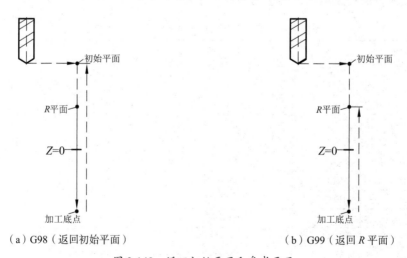

（a）G98（返回初始平面） （b）G99（返回 R 平面）

图 3-149 返回初始平面和参考平面

（3）G73、G74、G76、G81 ～ G89 固定循环指令均为模态续效指令，它们在某个程序段中一经指定，一直到取消固定循环（G80 指令）前都保持有效。因此，在连续进行孔加工时，第一个固定循环程序段必须指令全部的孔加工数据，而在随后的加工循环中，只定义需要变更的数据。但若在固定循环执行中进行了系统的关机或复位操作，则孔加工数据、孔位置数据均被消除。

1. G80 固定循环取消

取消所有的固定循环（即 G73、G74、G76 及 G81 ~ G89），执行正常的操作。

 G80

 （1）取消固定循环的指令除 G80 外，循环指令在加工过程中，如果程序中出现了 01 组的 G 代码，固定循环也将被取消。

（2）01 组 G 代码包含 "G00、G01、G02、G03、G33"。

2. G73 高速深孔钻削加工循环

G73 指令用于高速深孔加工，其动作循环如图 3-150 所示。

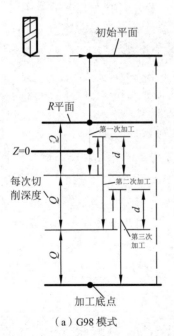
（a）G98 模式

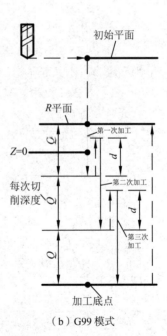
（b）G99 模式

图 3-150　G73 指令动作循环示意图

 （G90/G91）（G98/G99）G73 X __ Y __ Z __ R __ Q __ F __ K __;

式中，X、Y：指定孔中心在 XY 平面上的位置，定位方式与 G00 相同。

Z：钻孔底部位置（最终孔深），可以用增量坐标或绝对坐标指令编程。

R：也称 R 平面，即孔切削加工开始位置，其值为从定义的 Z=0 平面到 R 平面的距离（在绝对坐标方式 G90 时）；也可用增量坐标方式表示，其值为初始点到 R 平面的增量距离。

Q：深孔加工时每次切削进给的切削深度，单位为"毫米（mm）"。

F：切削进给速度。

K：重复次数（若有需要，当只执行一次时可省略）。

执行 G73 指令时，钻头先快速定位至 X、Y 指定的坐标位置，再快速定位到 R 点，刀具接着以 F 指定的进给速率向 Z 轴钻下由 Q 指定的距离处，再快速退回 d 距离（d 值由系统参数设定），再以 F 指定的进给速率向 Z 轴钻下 Q 指定的第二个距离处，依此方式一直钻孔到 Z 所指定的孔底位置。此种间歇进给的加工方式可使切屑断裂便于排屑，且切削液容易到达切削刃端，从而起到较好的冷却、润滑效果。

 提示

（1）在指定固定循环前，必须先使用 S 和 M 代码指令使主轴旋转。

（2）不能在同一个程序段中指定 G73 和 01 组 G 代码（即 G00～G03 或 G33），否则 G73 代码将被取消。

（3）当 G73 代码和 M 代码在同一个程序段中指定时，在第一个定位动作的同时，执行 M 代码，然后系统执行后续的钻孔动作。

（4）当指定重复次数 K 时，只在第一个孔执行 M 代码，对第二个和以后的孔，不执行 M 代码。

（5）当在固定循环中指定刀具长度偏置（G43、G44 或 G49）时，在定位到 R 点的同时加刀具长度偏置。

（6）在固定循环方式中，刀具半径偏置被忽略。

（7）在程序段中没有 X，Y，Z，R 或任何其他轴的指令时，钻孔不执行。

（8）孔加工参数 Q、P 必须在被执行的程序段中被指定，否则指令的 P、Q 值无效。在执行钻孔的程序段中指定 Q，R 时，它们将作为模态数据被存储。如果在不执行钻孔的程序段中指定它们，它们就不能作为模态数据被存储。

（9）Q 指定为正值。如果 Q 指定为负值，符号被忽略。

（10）在改变钻孔轴前必须取消固定循环。

 示例

如图 3-151 所示，现用 G73 指令加工图中的 4-ϕ6 孔，已知主轴转速为 2000r/min，钻头直径为 6mm，钻头每次进给深度为 3mm，以工件的最上表面为 Z 轴向原点，以 G54 为工件坐标系，第一象限中孔的中心坐标为 (12.021,12.021)。考虑到钻头头上的锥度，Z 轴向对刀时一般以锥尖来对刀，因此在钻孔中计算 Z 值深度时需加上此锥度在 Z 轴向的投影值，钻头加工完成后返回初始平面。

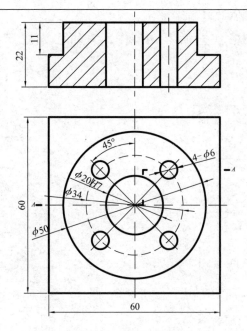

图 3-151　G73 加工示例

编程如下：

O0020；

G90 G40 G69 G80；

G54；　　　　　　　　　　　　　　（建立工件坐标系）

M03 S2000；

M08；　　　　　　　　　　　　　　（开启冷却液）

G00 Z100；

X0 Y0；

Z10；　　　　　　　　　　　　　　（此 Z 值系统将默认为初始平面，若没有此
　　　　　　　　　　　　　　　　　 值系统将向上继续寻找其他 Z 值）

G73 X12.021 Y12.021 Z-25 R5 Q3 F60；　（第一象限孔加工，注意 Z 轴向深度值，钻
　　　　　　　　　　　　　　　　　 头每向下钻 3mm 就向上抬一次钻头）

X-12.021；　　　　　　　　　　　　（第二象限孔加工，此处孔加工的编程数据，
　　　　　　　　　　　　　　　　　 可省去与第一个孔完全相同的数据）

Y-12.021；　　　　　　　　　　　　（第三象限孔加工）

X12.021；　　　　　　　　　　　　（第四象限孔加工）

G80；　　　　　　　　　　　　　　（取消钻孔循环）

G00 Z100；

X0Y0；

M30；

3. G74 左旋螺纹攻丝循环

G74 指令左旋螺纹攻丝循环，其动作循环如图 3-152 所示。

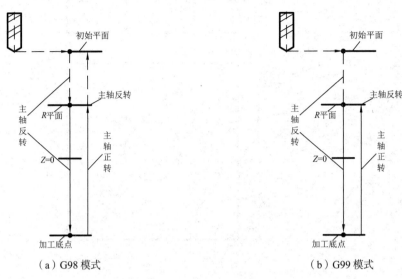

（a）G98 模式 　　　　　　　（b）G99 模式

图 3-152　G74 指令动作循环示意图

（G90/G91）（G98/G99）G74 X__Y__Z__R__P__F__K__；
式中，P：刀具在到达加工底部的暂停时间，单位为 ms。
　　　 F：攻丝进给速度，单位为 mm/min，公式为攻丝螺距 × 主轴转速。
　　　 其他字母介绍参见 G73。

由于 G74 指令用于左旋螺纹攻丝，所以必须先使主轴反转，再执行 G74 指令，其加工动作为刀具先快速定位至 X、Y 指定的坐标位置，再快速定位到 R 点，接着以 F 指定的进给速率攻螺纹至 Z 指定的孔底位置后，主轴转为正转，刀具向 Z 轴正方向退回 R 点，退回 R 点后主轴恢复原来的反转。

（1）在指定固定循环指令前，必须先使用 S 和 M 代码使主轴反转。

（2）在 G74 反转左旋螺纹攻丝循环动作中，"进给速度倍率"开关无效；此外，即使"进给保持"信号有效，在整个加工动作结束前，Z 轴都不会停止运动，这样可以有效防止因误操作引起的丝锥不能退出工件现象。

（3）不能在同一个程序段中指定 G74 和 01 组 G 代码（即 G00 ～ G03 或 G33），否则 G74 代码将被取消。

（4）当 G74 代码和 M 代码在同一个程序段中指定时，在第一个定位动作的同时，执行 M 代码，然后系统执行后续的攻丝动作。

（5）当指定重复次数 K 时，只在第一个攻丝执行 M 代码，对第二个和以后的攻丝，不执行 M 代码。

（6）当在固定循环中指定刀具长度偏置（G43、G44 或 G49）时，在定位到 R 点的同时加刀具长度偏置。

（7）在固定循环方式中，刀具半径偏置被忽略。

（8）在程序段中没有 X，Y，Z，R 或没有任何其他轴的指令时，钻孔不执行。

（9）在执行攻丝的程序段中指定 P 时，它们将作为模态数据被存储。如果在不执行攻丝的程序段中指定，就不能作为模态数据被存储。

（10）在改变攻丝轴前必须取消固定循环。

如图 3-153 所示，现用 G74 指令加工图中的 4 个左旋螺纹，已知螺纹底孔已经钻好，丝攻的螺纹为 M6，螺距为 1mm，主轴转速为 100r/min，攻丝进给速度 $F=1 \times 100=100$mm/min，以工件的最上表面为 Z 轴向原点，以 G54 为工件坐标系，第一象限中孔的中心坐标为 (12.021,12.021)。考虑到丝攻头上有一段导向距离，而丝攻 Z 轴向对刀时一般以丝攻头来对刀，因此在攻螺纹计算 Z 轴深度值时需加上此段导向距离，返回初始平面。

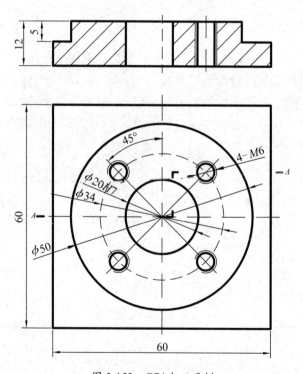

图 3-153　G74 加工示例

编程如下：

O0021;

G90 G40 G69 G80;

G54;　　　　　　　　　　　　　　　　　（建立工件坐标系）

M04 S150;　　　　　　　　　　　　　　（主轴反转，攻丝时注意转速）

M08;　　　　　　　　　　　　　　　　（开启冷却液）

G00 Z100;

X0 Y0;

Z10;　　　　　　　　　　　　　　　　（此 Z 值系统将默认为初始平面，若没有该值系统将向上继续寻找其他 Z 值）

G74 X12.021 Y12.021 Z-15 R5 P2000 F100;　（第一象限孔攻丝，注意 Z 轴向深度值，攻丝在孔底暂停 2 秒）

X-12.021；　　　　　　　　　　　　　（第二象限孔攻丝）

Y-12.021；　　　　　　　　　　　　　（第三象限孔攻丝）

X12.021；　　　　　　　　　　　　　（第四象限孔攻丝）

G80;　　　　　　　　　　　　　　　　（取消攻丝循环）

G00 Z100;

X0Y0;

M30;

4. G76 精镗循环

G76 指令用于精密镗孔加工，执行该指令时镗孔刀先快速定位至 X、Y 坐标点，再快速定位到 R 点，接着以 F 指定的进给速度镗孔至 Z 指定的深度，主轴定向停止，刀具向系统参数指定的一个方向后退一段距离，使刀具离开正在加工的表面，如图 3-154 所示，然后抬刀，从而消除退刀痕。当镗孔刀退回 R 点或起点时，刀具立即回到原来的加工位置点，且主轴恢复转动。其镗刀定向及退刀如图 3-155 所示。

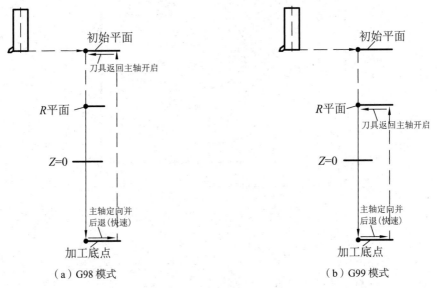

（a）G98 模式　　　　　　　　　　（b）G99 模式

图 3-154　G76 指令动作循环示意图

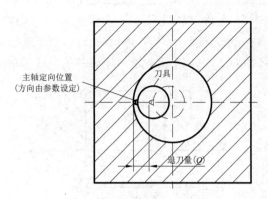

图 3-155　镗刀定向及退刀

（G90/G91）（G98/G99）G76 X＿Y＿Z＿R＿Q＿P＿F＿K＿；

式中，Q：孔底的退刀量，单位为 mm。

P：刀具在到达加工底部的暂停时间，单位为 ms。

其他字母介绍参见 G73。

（1）主轴定向停止是指通过主轴的定位控制功能使主轴在规定的角度上准确停止并保持这一位置，从而使镗刀的刀尖对准某一方向。停止后，刀具向刀尖相反的方向少量后移，使刀尖脱离工件表面，保证在退刀时不擦伤已加工表面，以实现高精度镗削加工。

（2）偏移退刀量 Q 指定为正值。如果 Q 指定为负值，符号被忽略，退刀方向通过参数设定可选择 +X、−X、+Y、−Y 中的任何一个。注意，指定 Q 值时不能太大，避免刀具退刀时另一面碰撞工件。

（3）不能在同一个程序段中指定 G76 和 01 组 G 代码（即 G00 ～ G03 或 G33），否则 G76 代码将被取消。

（4）当 G76 代码和 M 代码在同一个程序段中指定时，在第一个定位动作的同时，执行 M 代码，然后系统执行接下的攻丝动作。

（5）当指定重复次数 K 时，只在第一个攻丝执行 M 代码，对第二个和以后的攻丝，不执行 M 代码。

（6）当在固定循环中指定刀具长度偏置（G43、G44 或 G49）时，在定位到 R 点的同时加刀具长度偏置。

（7）在固定循环方式中，刀具半径偏置被忽略。

（8）在程序段中没有 X，Y，Z，R 或没有任何其他轴的指令时，不执行镗孔加工。

（9）在执行镗孔的程序段中指定 P 及 Q 时，它们将作为模态数据被存储。如果在不执行镗孔的程序段中指定，就不能作为模态数据被存储。

（10）在改变镗孔轴前必须取消固定循环。

如图 3-156 所示，现用 G76 镗孔指令加工图中的 $\phi30H7$ 孔，已知主轴转速为 1500r/min，进给速度为 80mm/min，刀具偏移量为 2mm，以工件的最上表面为 Z 轴向原点，以 G54 为工件坐标系，返回初始平面。

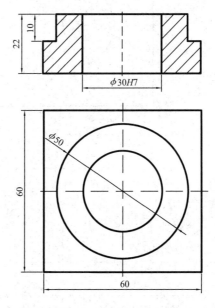

图 3-156 G76 加工示例

编程如下：

```
O0022;
G90 G40 G69 G80;
G54;                           （建立工件坐标系）
M03 S1500;
M08;                           （开启冷却液）
G00 Z100;
X0 Y0;
Z10;                           （此 Z 值系统将默认为初始平面，
                                若没有该值系统将向上继续寻找
                                其他 Z 值）
G76 X0 Y0 Z-24 R5 Q2 P1000 F80;  （镗孔加工，注意 Z 轴向深度值，
                                刀具在孔底退刀 2mm，并且暂停
                                1 秒）
G80;                           （取消镗孔循环）
G00 Z100;
X0Y0;
M30;
```

5. G81 钻孔循环、钻中心孔循环

执行该指令时，钻头或中心钻先快速定位至 X、Y 指定的坐标位置，再快速定位至 R 点，接着以 F 指定的进给速度向下钻削至 Z 指定的孔底位置，最后快速退刀至 R 点或起点完成循环。其钻孔动作循环如图 3-157 所示。

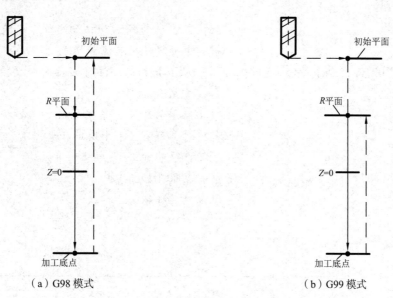

（a）G98 模式　　　　　　　　　　　　（b）G99 模式

图 3-157　G81 指令动作循环示意图

由于 G81 指令在钻孔时不抬刀，所以必须要考虑排屑及钻孔的深度。

（G90/G91）（G98/G99）G81 X＿ Y＿ Z＿ R＿ F＿ K＿ ；
式中各字母介绍参见 G73。

参见 G73 中的①、②、③、④、⑤、⑥、⑦、⑩。

如图 3-151 所示，用 G81 指令钻削 M6 螺纹底孔，已知钻头直径为 5mm，主轴转速为 1500r/min，进给速度为 60mm/min，以工件的最上表面为 Z 轴向原点，以 G54 为工件坐标系，第一象限中孔的中心坐标为 (12.021,12.021)。考虑到钻头头上的锥度，Z 轴向对刀时一般以锥尖来对刀，因此在钻孔中计算 Z 值深度时需加上此锥度在 Z 轴向的投影值，返回初始平面。

编程如下：

O0030;
G90 G40 G69 G80;

```
G54;                              （建立工件坐标系）
M03 S1500;
M08;                              （开启冷却液）
G00 Z100;
X0 Y0;
Z10;                              （此 Z 值系统将默认为初始平面，若没有此值系统
                                    将向上继续寻找其他 Z 值）
G81 X12.021 Y12.021 Z-15 R5 F60；（第一象限孔加工，注意 Z 轴向深度值，钻头一次
                                    加工完成并抬刀）
X-12.021;                         （第二象限孔加工，这里的孔加工数据不一定全部
                                    都要写，可省去若干地址和数据）
Y-12.021;                         （第三象限孔加工）
X12.021;                          （第四象限孔加工）
G80;                              （取消钻孔循环）
G00 Z100;
X0Y0;
M30;
```

6. G82 钻孔循环、粗镗循环

G82 固定循环指令在孔底有一个暂停的动作，除此之外与 G81 完全相同，孔底的暂停可以提高孔深的精度和孔底的表面质量；此外，G82 还可用于锪沉孔和孔口倒角。其动作循环如图 3-158 所示。

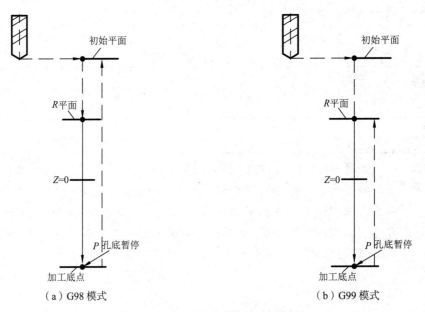

（a）G98 模式　　　　　　　　　　　　　　　（b）G99 模式

图 3-158　G82 指令动作循环示意图

格式

（G90/G91）（G98/G99）G82 X＿＿Y＿＿Z＿＿R＿＿P＿＿F＿＿K＿＿；

式中，P：刀具在到达加工底部的暂停时间，单位为 ms。

其他字母介绍参见 G81。

 提示

参见 G73 中的①、②、③、④、⑤、⑥、⑦、⑩。

 示例

参见 G81 编程示例。

7. G83 啄式钻深孔循环

G83 指令用于高速深孔加工，与 G73 一样，Z 轴方向为分级、间歇进给。与 G73 不同的是，G83 每次分级进给钻头都会沿着 Z 轴退到切削加工起点（参考平面）位置，这样使深孔加工排屑性能更好。执行该指令时钻头先快速定位至 X、Y 指定的坐标位置，再快速定位至 R 点，接着以 F 指定的进给速度向下钻削 Q 指定的距离深度，快速退刀回 R 点，当钻头在第二次及以后的切入时，会先快速进给到前一切削深度上方距离 d 处，再变为切削进给。其动作循环如图 3-159 所示。

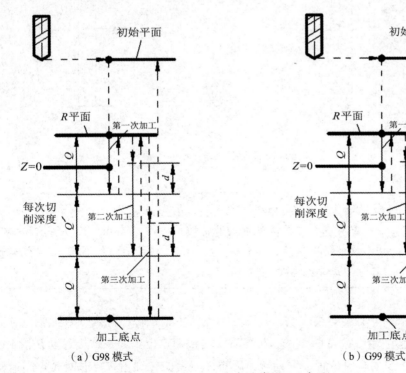

（a）G98 模式　　　　　　　（b）G99 模式

图 3-159　G83 指令动作循环示意图

（G90/G91）（G98/G99）G83X＿＿Y＿＿Z＿＿R＿＿Q＿＿F＿＿K＿＿；

式中：各字母介绍参见 G73。

 参见 G73 ①～⑩。

 参见 G73 编程示例。

8. G84 右旋螺纹攻丝循环

G84 指令右旋螺纹攻丝循环，其动作循环如图 3-160 所示。

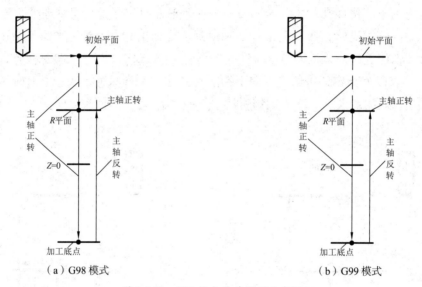

（a）G98 模式　　　　　　　　　（b）G99 模式

图 3-160　G84 指令动作循环示意图

 （G90/G91）（G98/G99）G84 X＿＿Y＿＿Z＿＿R＿＿P＿＿F＿＿K＿＿；

式中，P：刀具在到达加工底部的暂停时间，单位为 ms。

F：攻丝进给速度，单位为 mm/min，公式为攻丝螺距 × 主轴转速。

其他字母介绍参见 G73。

由于 G84 指令用于右旋螺纹攻丝，所以必须先使主轴正转，再执行 G84 指令，其加工动作为刀具先快速定位至 X、Y 指定的坐标位置，再快速定位到 R 点，接着以 F 指定的进给速率攻螺纹至 Z 指定的孔底位置，主轴转为反转，刀具向 Z 轴正方向退回 R 点，退回 R 点后主轴恢复原来的正转。

提示　参见 G74 中的①～⑩。

 示例　参见 G74 编程示例。

9. G85 镗孔（铰孔）循环

G85 指令在加工时刀具先快速定位至 X、Y 指定的坐标位置，再快速定位至 R 点，接着以 F 指定的进给速度向下加工至 Z 指定的孔底位置，仍以切削进给方式向上提升，因此该指令较适合铰孔。其动作循环如图 3-161 所示。

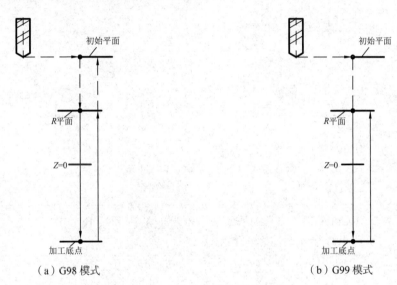

（a）G98 模式　　　　　　　　　　（b）G99 模式

图 3-161　G85 指令动作循环示意图

 格式　（G90/G91）（G98/G99）G85 X__ Y__ Z__ R__ F__ K__;
式中各字母介绍参见 G73。

 提示　参见 G73 中的①、②、③、④、⑤、⑥、⑦、⑩。

 示例　参见 G81 编程示例。

10. G86 镗孔循环

G86 指令类似于 G81，在加工时刀具先快速定位至 X、Y 指定的坐标位置，再快速定位至 R 点，接着以 F 指定的进给速度向下加工至 Z 指定的孔底位置，此时主轴停止，然后快速退刀至 R 点或起点完成循环。其动作循环如图 3-162 所示。

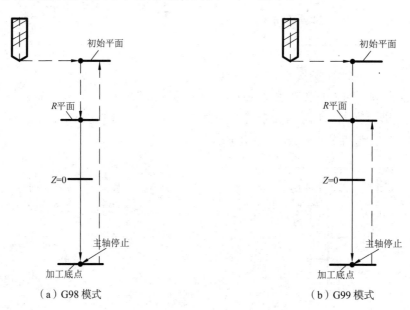

（a）G98 模式 　　　　　　　　　　　　　（b）G99 模式

图 3-162　G86 加工动作循环示意图

（G90/G91）（G98/G99）G86 X__ Y__ Z__ R__ F__ K__；
式中各字母介绍参见 G73。

参见 G73 中的 ①、②、③、④、⑤、⑥、⑦、⑩。

参见 G81 编程示例。

11. G87 背镗（反镗）循环

执行 G87 循环，在 X 轴和 Y 轴完成定位后，主轴通过定向准停动作使镗刀的刀尖对准某一方向。停止后，刀具向刀尖相反的方向少量偏移，使刀尖让开孔表面，保证在进刀时不碰刀孔表面，然后 Z 轴快速进给在孔底面（R 平面）。在孔底面刀尖恢复原来的偏移量，主轴自动正转，并沿 Z 轴的正方向加工到所要求的 Z 点。在此位置，主轴再次定向准停，向刀尖相反的方向少量偏移，接着刀具从孔中退出，返回起点后，刀尖恢复上次的偏移量，主轴再次正转，进行下步动作，该指令没有 G99 模式。其动作循环如图 3-163 所示。

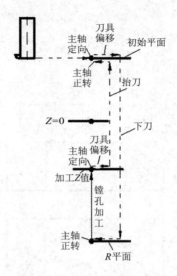

图 3-163　G87 指令动作循环示意图

　（G90/G91）（G98）G87 X__ Y__ Z__ R__ Q__ P__ F__ K__;
式中各字母介绍参见 G76。

　与 G76 相同，参见 G76 全部提示说明。

　如图 3-164 所示，现用 G87 指令反镗图中 $\phi 30H7$ 孔，现已知以工件的最上表面为 Z 轴向原点，以 G54 为工件坐标系，考虑刀具的原因，参考加工图将 R 平面定位于 -35mm 处，此时刀尖刚好处于 -32mm 处，主轴转速为 1500r/min，进给速度为 80mm/min。

编程如下：

O0040;

G90 G40 G69 G80;

G54;　　　　　　　　　　　　　　（建立工件坐标系）

M03 S1500;

M08;　　　　　　　　　　　　　　（开启冷却液）

G00 Z100;

X0 Y0;

Z10;

G87 X0 Y0 Z-14 R-35 Q3 P1000 F80; （反镗加工，刀具偏移量为 3mm，暂停 1 秒）
G80; （取消镗孔循环）
G00 Z100;
X0Y0;
M30;

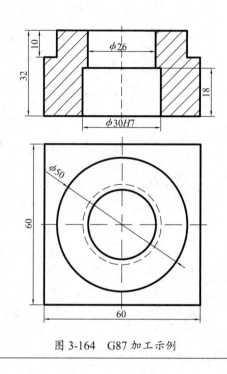

图 3-164 G87 加工示例

12. G88 镗孔循环

执行 G88 指令时，刀具在 X 轴和 Y 轴完成定位后，快速移动到 R 点。然后，从 R 点到 Z 点执行镗孔。当镗孔完成后，执行暂停，主轴停止，进给也自动变为停止。刀具的退出必须在手动状态下移出（此时将机床功能切换为"手动"或"手轮"状态，可将刀具在 X 轴向或 Y 轴向偏移后沿 Z 轴向移出）。刀具从孔中安全退出后，将功能切换为"自动"，此时只有 Z 轴提升至 R 点（G99）或起点（G98），X、Y 坐标并不会回到 G88 所指定的 X、Y 位置（若抬刀时 X 轴向或 Y 轴向已产生偏移）。主轴恢复正转。其动作循环如图 3-165 所示。

 格式 （G90/G91）（G98/G99）G88 X __ Y __ Z __ R __ P __ F __ K __ ;
式中各字母介绍参见 G82。

 提示 与 G82 相同，参见 G82 全部提示说明。

参见 G82 编程示例。

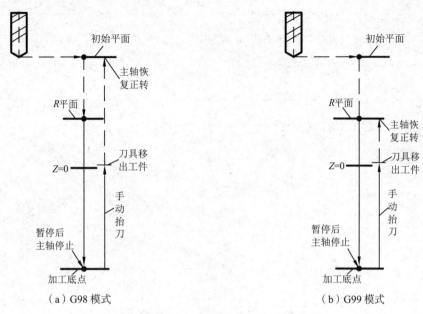

（a）G98 模式　　　　　　　　　（b）G99 模式

图 3-165　G88 指令动作循环示意图

13. G89 镗孔循环

执行 G89 指令时，除在孔底位置暂停 P 指定的时间外，其他与 G85 相同。其动作循环如图 3-166 所示。

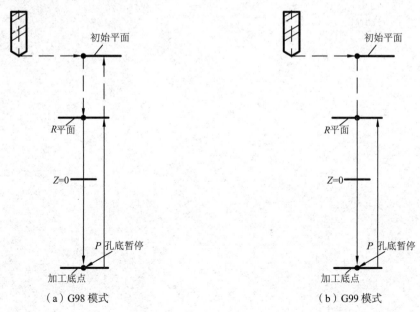

（a）G98 模式　　　　　　　　　（b）G99 模式

图 3-166　G89 指令动作循环示意图

（G90/G91）（G98/G99）G89 X ＿ Y ＿ Z ＿ R ＿ P ＿ F ＿ K ＿ ;
式中各字母介绍参见 G85。

 参见 G85 全部提示说明。

 参见 G81 编程示例。

第 4 章

SIEMENS-802D 系统
数控铣床操作与编程

本章主要以 TK7640 数控铣床为例，如图 4-1 所示，其控制系统为 SIEMENS-802D 数控系统。

图 4-1　TK7640 数控铣床

4.1　SIEMENS-802D 系统数控铣床操作

4.1.1　主要技术参数

TK7640 数控铣床主要技术参数如表 4-1 所示。

表 4-1　TK7640 数控铣床主要技术参数

机床外形尺寸（长 × 宽 × 高）		2200mm × 2050mm × 2349mm
工作台面积		800mm × 400mm
工作台最大行程	X轴	600mm
	Y轴	400mm
	Z轴	600mm
工作台 T 形槽	槽宽	18mm
	数量	3 条
主轴端面至工作台端面的距离		180 ～ 780mm
主轴中心线至床身垂直导轨距离		200 ～ 600mm
主轴转速范围		60 ～ 3000r/min
进给速度范围		1 ～ 2500mm/min
快速移动速度		9000mm/min
主电机功率		5.5kW
最小设定单位		0.001mm

续表

定位精度	X 轴	0.01mm
	Y 轴	0.01mm
	Z 轴	0.01mm
重复定位精度		0.01mm

4.1.2 SIEMENS-802D 操作控制面板

1. SINUMERIK-802D 系统按钮（见图 4-2）

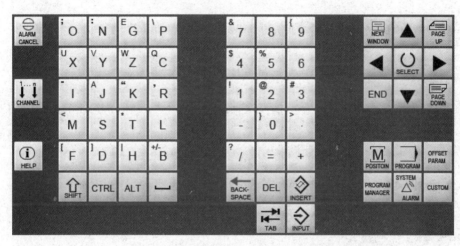

图 4-2 SINUMERIK-802D 系统按钮

报警应答：在机床或 CNC 故障已排除后，按此按钮消除部分报警。

通道转换：按此按钮使通道号随之改变，从而选择所需的通道。

信息：当机床出现报警时，按此按钮获得报警号的详细资料。

上挡：当按下此按钮后，面板上的字符上挡有效。

控制：CTRL+C 为复制，CTRL+B 为选择，CTRL+X 为剪切，CTRL+V 为粘贴。

ALT：ALT+S 为中文，ALT+L 为大写字母，ALT+H 为帮助。

空格：按此按钮插入一个空格。

删除（退格）：按此按钮消除当前字符。

删除：按此按钮删除数据及程序。

插入：在编程过程中，按此按钮插入一个字符。

制表：未使用。

回车／输入：按此按钮输入各种数据及程序。

加工操作区域：在任何操作情况下，按此按钮显示当前轴的位置。

程序操作区域：按此按钮对程序进行编辑或修改。

参数操作区域：按此按钮设定刀具补偿、工件坐标系。

程序管理操作区域：按此按钮对程序进行管理。

报警／系统操作区域：显示报警信息，同时按上挡按钮和此按钮显示机床信息。

未使用。

未使用。

翻页：按该按钮将显示页面一页一页前翻／后翻。

光标：将光标前后左右移动到所需的位置。

选择／转换：开机时，按此按钮对机床系统模式进行设置。

未使用。

字母：同时按上挡按钮转换对应字符。

数字：同时按上挡按钮转换对应字符。

2．外部机床控制面板按钮

参考点：将机床的各个轴依次返回参考点。

点动：用可调整的速度手动连续移动机床的各个轴。

增量（手轮）选择：用可调整的手动增量方式移动机床的各个轴。每按一次按钮，增量从 1 向 1000 递增。

手动数据输入：通过操作面板上的键盘输入指令并立即执行。

程序单段：当按下此按钮后，每执行一段程序后机床即处于暂停状态，等待下一段程序的启动执行。

自动方式：自动执行存储在内存中的程序。

主轴正转：在点动方式下，按住此按钮，主轴以设定的速度顺时针转动。

主轴停止：在点动方式下，按下此按钮可将 M3 或 M4 指令执行的转动停止。

主轴反转：在点动方式下，按住此按钮，主轴以设定的速度逆时针转动。

坐标轴点动：控制机床各轴的移动方向。

快速运行叠加：在手动连续进给方式下移动机床各轴时，按住此按钮，轴以设定的快速进给速率移动。

循环启动：按下此按钮后，机床自动执行选择的程序。

进给保持：机床在自动运行中，按下此按钮暂停机床的进给。

复位：消除报警，取消未执行的指令，设置程序指针返回程序头。

主轴速度修调：在程序中设定的主轴转速可通过面板上的此旋钮来控制，调整范围为 50% ～ 120%。

进给速度修调：在程序中设定的加工进给倍率及手动连续进给，可通过操作面板上的此旋钮来控制，调整控制范围为 0 ～ 120%。当需控制快速进给速度时，必须选择"ROV"有效。

紧急停止按钮：当机床出现紧急情况时，按下此按钮可使机床运动部件立即停止，机床进入紧急停止状态。机床的运动部件一直被锁住，直至紧急停止按钮复位；各轴均不可动。复位时，逆时针旋转按钮就可释放。

3. 屏幕显示及软件区（见图 4-3）

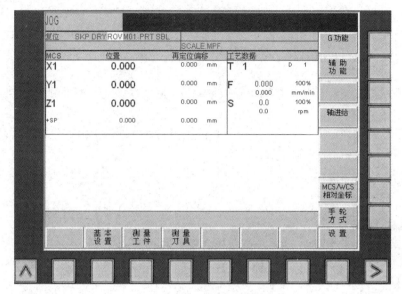

图 4-3　屏幕显示及软件区

⋀ 返回：按此按钮，返回上一级菜单。

＞：菜单扩展键。

MCS/WCS相对坐标 ▢：软件功能菜单。

4. 其他控制按钮（见图 4-4）

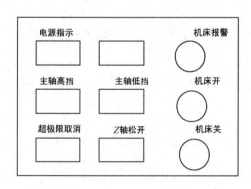

图 4-4　机床生产商设定的操作面板

（1）机床开：按此按钮启动机床系统电源。

（2）机床关：按此按钮停止机床运动，切断驱动电源。

（3）主轴高挡、主轴低挡：主轴处于高速挡或低速挡的指示灯。

（4）机床报警：当机床处于报警状态时的指示灯。

（5）超极限取消：可解除由于机床超程后引起的紧急停止状态。

（6）Z轴松开：打开 Z 轴伺服电机中的制动器。

4.1.3　SIEMENS-802D 数控铣床的基本操作

1. 接通电源

（1）在机床电源接通前，检查电气柜内空气开关是否全部接通，将电气柜门关闭。

（2）检查润滑油箱中的润滑油是否充裕。

（3）检查空气压力是否已经达到机床要求压力（0.5MPa）。

（4）检查在工作台或主轴头移动范围中是否有其他物品，若有必须清除。

（5）打开机床主电源开关。

（6）接通数控系统电源：按下"机床开"按钮，数秒后出现位置画面；逆时针释放紧急停止按钮，数秒后按住"RESET"按钮，直到报警解除。

2. 手动参考点返回（返回机械零点）

（1）选择返回参考点方式 ![REF POT] 。

（2）将进给倍率调至 50%。

（3）依次按下"-Z""-Y""-X"按钮，等待画面中 X1、Y1、Z1 坐标后出现已回零标志（见图 4-5）。

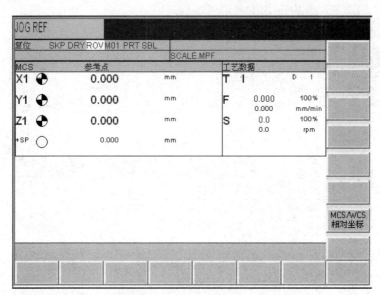

图 4-5　机床坐标轴回零

3. 手动连续进给

（1）按 ![JOG] 按钮，选择点动方式，如图 4-6 所示。

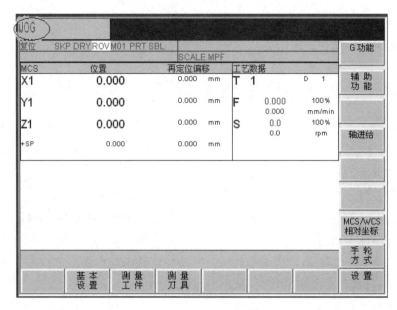

图 4-6 机床手动功能画面

（2）选择适当的进给速度（注：此时 100% 的进给量根据参数设定）。

（3）按相应的方向按钮。

（4）若需增加进给速度，可在按下相应方向按钮的同时按下 RAPID 按钮，按照设定参数增加进给速度（快速进给速度参数由进给倍率开关调节）。

4．手动增量进给

（1）按 JOG 按钮，选择点动方式，如图 4-6 所示。

（2）再按 [VAR] 按钮，进入增量（手轮）方式，连续按 [VAR] 按钮改变增量数值（×1，×10，×100，×1000），如图 4-7 所示。

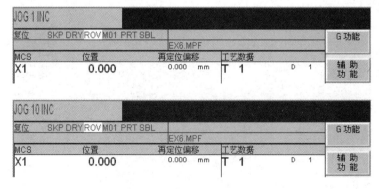

图 4-7 增量倍率切换画面

JOG 100 INC					
复位	SKP DRY ROV M01 PRT SBL				G 功能
		EX6.MPF			
MCS	位置	再定位偏移	工艺数据		辅 助 功 能
X1	0.000	0.000 mm	T 1	D 1	

JOG 1000 INC					
复位	SKP DRY ROV M01 PRT SBL				G 功能
		EX6.MPF			
MCS	位置	再定位偏移	工艺数据		辅 助 功 能
X1	0.000	0.000 mm	T 1	D 1	

图 4-7　增量倍率切换画面（续）

（3）按"手轮方式"软件按钮，如图 4-8 所示，选择坐标轴，按对应的坐标轴按钮，如图 4-9 所示，退出按"返回"软件按钮。

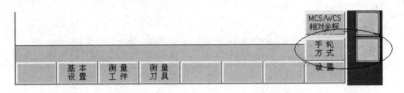

图 4-8　手轮方式选择

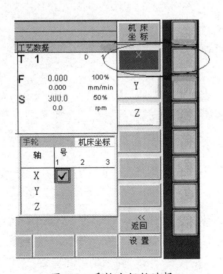

图 4-9　手轮坐标轴选择

5. 手动数据输入执行

（1）按 ⊡ MDI 按钮，进入手动数据输入执行方式。

（2）再按 M POSITOIN 按钮，进入 MDA 显示画面，如图 4-10 所示。

（3）此时可输入程序，如"M03S500"，如图4-11所示。

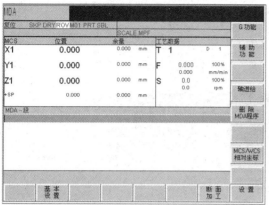 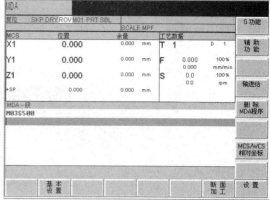

图 4-10　MDA 显示画面　　　　　　　　图 4-11　输入程序

（4）按 按钮运行上述程序，如图4-12所示。

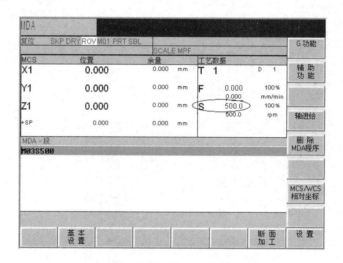

图 4-12　程序运行画面

提示　　SINUMERIK-802D 系统在 MDA（Manual Data Auto，手动数据输入/自动加工）方式下编写的程序，在运行后不像 FANUC 系统会自动清除，而是继续保留。因此如果此时想要编写其他指令，必须先将原程序删除，操作步骤如下。

（1）按 [RESET] 按钮，将被删除的程序变为灰色。

（2）按"删除 MDA 程序"软件按钮，如图4-13所示。

（3）MDA 程序被清除。

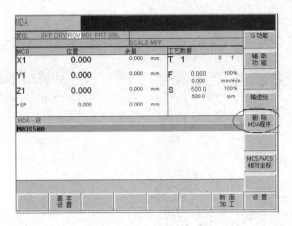

图 4-13　删除 MDA 程序

6. 用键盘编写（输入）程序

（1）按 PROGRAM MANAGER 程序管理按钮，进入程序管理画面，如图 4-14 所示。

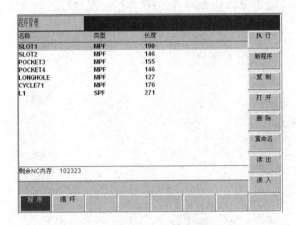

图 4-14　程序管理画面

（2）按"新程序"软件按钮，如图 4-15 所示；进入程序名输入画面，如图 4-16 所示。

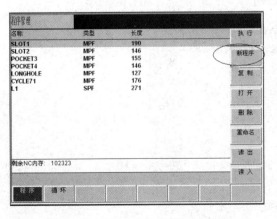

图 4-15　"新程序"软件按钮画面

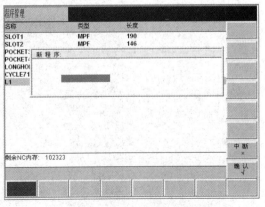

图 4-16　程序名输入画面

（3）输入新建程序名，程序名前两位为字母，其他可为数字、字母、下画线，长度最多为 16 个字符，如"LY11"，如图 4-17 所示，完成后按"确认"软件按钮，如图 4-18 所示。

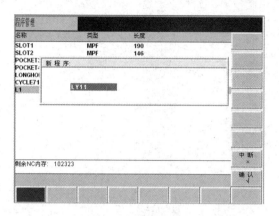
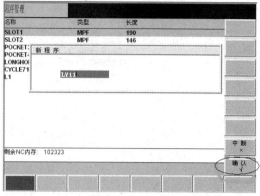

图 4-17　程序名输入　　　　　　　　　　　图 4-18　程序名确认

（4）在程序输入页面中输入程序内容，按 按钮换行，如图 4-19 所示。

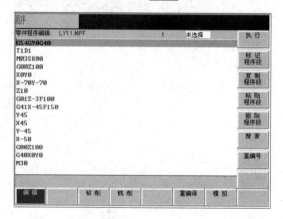

图 4-19　程序内容输入

（5）输入结束后，可按"重编号"软件按钮对程序编行号，如图 4-20 所示。

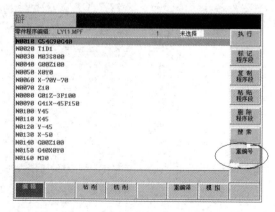

图 4-20　程序编行号

7．打开程序

（1）按 PROGRAM MANAGER 程序管理按钮，进入程序管理画面，如图 4-21 所示。

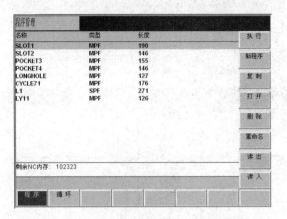

图 4-21　程序管理画面

（2）将光标移动到将要打开的程序名上，如"LY11"程序，如图 4-22 所示。

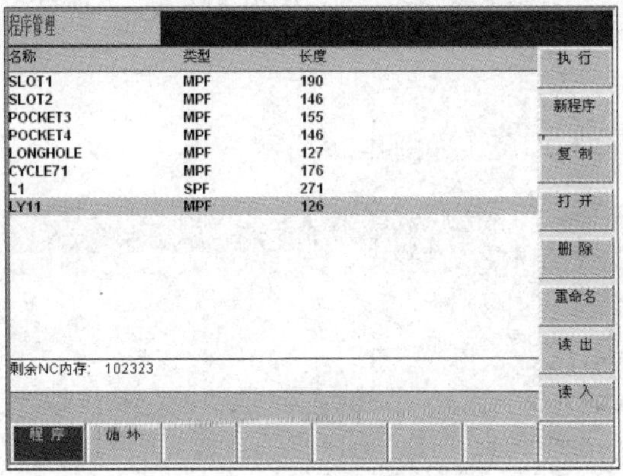

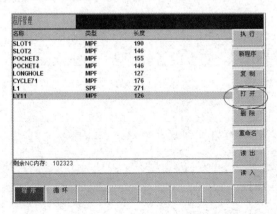

图 4-22　要打开的程序名

（3）按"打开"软件按钮，如图 4-23 所示，程序被打开。

图 4-23　"打开"软件按钮

8. 修改程序字符

（1）打开需要修改的程序。

（2）用光标移动按钮将光标移动到需要修改的字符后面，如将"Y-70"修改成"Y-60"，如图 4-24 所示。

（3）按 ![BACK-SPACE] 退格按钮，将"70"字符删除，如图 4-25 所示。

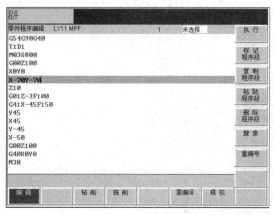

图 4-24 移动光标

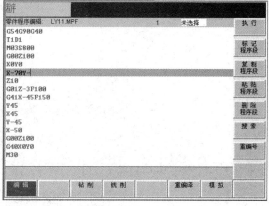

图 4-25 删除字符

（4）用键盘输入"60"即可，如图 4-26 所示。

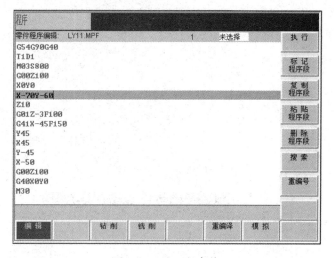

图 4-26 输入新字符

 提示　　上述第（2）步也可将光标移动到要删除字符的前面，如图 4-27 所示，然后按 DEL 按钮删除"70"字符。

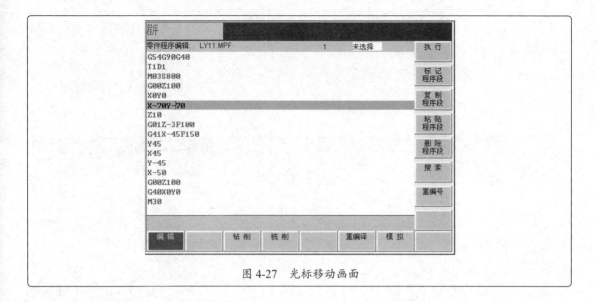

图 4-27 光标移动画面

9. 内存程序自动运行操作

（1）按 PROGRAM MANAGER 程序管理按钮。

（2）移动光标到需执行的程序处。

（3）按"打开"软件按钮将程序打开，如打开"LY11"程序，如图 4-28 所示。

（4）检查程序无误后，按"执行"软件按钮，如图 4-29 所示。

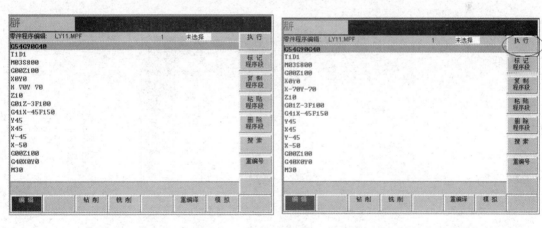

图 4-28 打开程序 　　　　　　　　图 4-29 "执行"软件按钮

（5）按 M POSITOIN 按钮进入坐标显示画面，再按 AUTO 按钮进入自动执行并实时监控状态，如图 4-30 所示。

（6）按 CYCLE START 按钮进行程序的加工。

在程序指令加工前最好先模拟测试程序，以防程序出现编写错误，模拟测试的操作步骤如下。

（1）重复上述操作步骤前5步。

（2）当出现图4-30所示的画面时，按"程序控制"软件按钮，如图4-31所示。

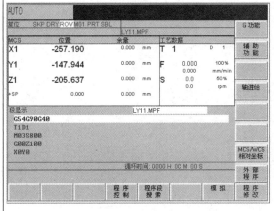

图4-30 自动执行并实时监控状态

图4-31 "程序控制"软件按钮

（3）按"程序测试"和"空运行进给"软件按钮，如图4-32所示。该功能打开后屏幕上方该功能对应的字符"DRY""PRT"变亮，如图4-33所示。关闭时只需再按对应的软件按钮即可，此时屏幕上方显示该功能的字符"DRY""PRT"变暗。

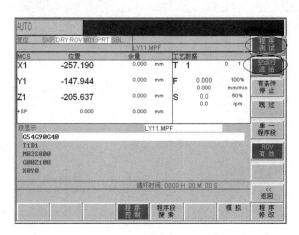

图4-32 程序模拟的软件按钮

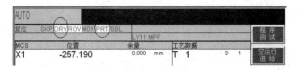

图4-33 字符变亮显示

（4）按"模拟"软件按钮，如图 4-34 所示，进入模拟画面，如图 4-35 所示。

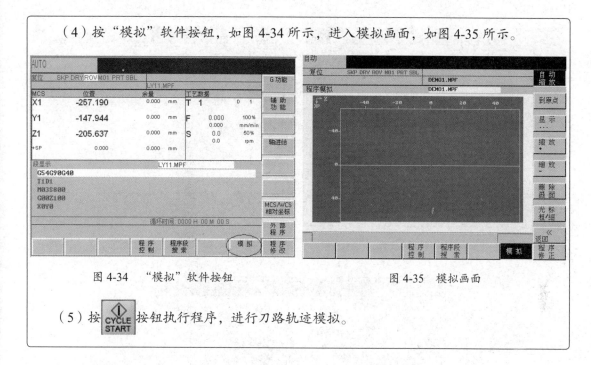

图 4-34　"模拟"软件按钮　　　　　　　　　图 4-35　模拟画面

（5）按 CYCLE START 按钮执行程序，进行刀路轨迹模拟。

10. 孔的编程操作

（1）编写加工程序（如程序名为"KONG"的程序），当进行到需要编写孔加工程序时，如图 4-36 所示，按"钻削"软件按钮，如图 4-37 所示，进入程序状态。

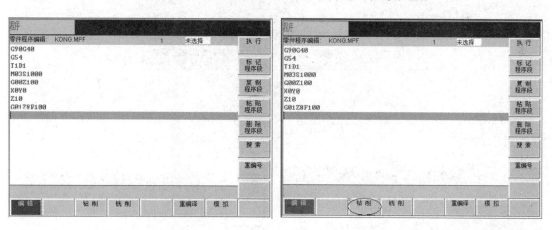

图 4-36　程序编写过程　　　　　　　　　　图 4-37　"钻削"软件按钮

（2）根据孔的要求选择右侧相对应的功能软件按钮（本例是钻深度为 8mm、孔位置在工件中心的单个沉孔），如图 4-38 所示。进入孔参数编程对话模式，如图 4-39 所示。

（3）输入相对应的参数数值（参数将在编程部分介绍），如图 4-40 所示。

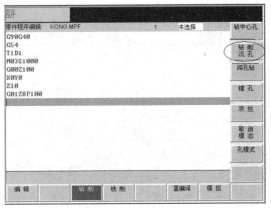

图 4-38　孔模式的选择

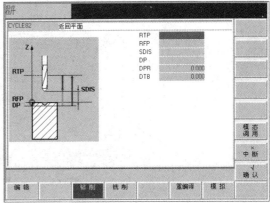

图 4-39　孔参数编程对话模式

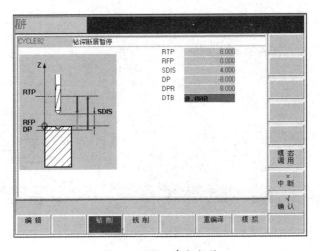

图 4-40　输入参数数值

（4）输入完成后按"确认"软件按钮，如图 4-41 所示，钻孔程序将自动输入程序内容中，如图 4-42 所示。

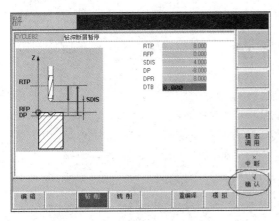

图 4-41　"确认"软件按钮画面

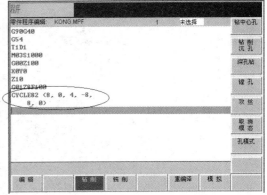

图 4-42　钻孔程序自动输入

（5）继续编写结尾部分程序，如图 4-43 所示。

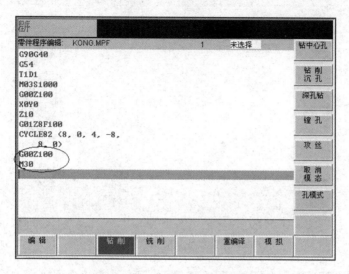

图 4-43　单个孔的完整程序

11. 关机

（1）清理机床。

（2）将 *X*、*Y*、*Z* 三轴移至中心。

（3）按下"紧急停止"按钮。

（4）按下"机床关"按钮，关闭系统电源。

（5）关闭机床总电源。

4.1.4　试切法对刀操作

1. 装刀

（1）选择功能方式 或 [VAR]。

（2）选择需要安装的刀具。

（3）按住主轴上的"松刀"按钮。

（4）将刀具插入主轴，释放"松刀"按钮。

2. 在系统中建立刀具

（1）按 OFFSET PARAM 按钮，进入参数操作区域画面，如图 4-44 所示。

（2）按"新刀具"软件按钮，如图 4-45 所示，进入刀具选择画面，如图 4-46 所示。

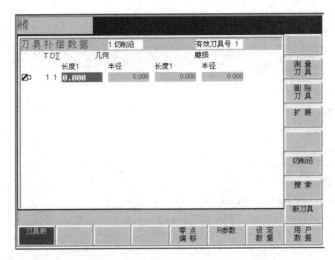

图 4-44　参数操作区域画面

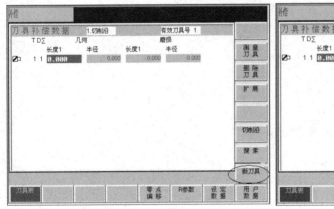

图 4-45　"新刀具"软件按钮

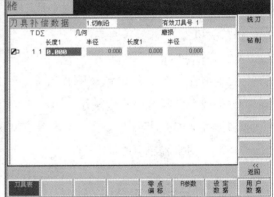

图 4-46　刀具选择画面

（3）按"铣刀"软件按钮，如图 4-47 所示；进入"新刀具"对话框，如图 4-48 所示。

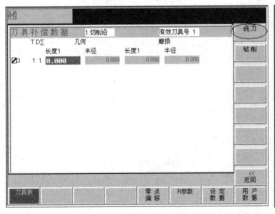

图 4-47　"铣刀"软件按钮

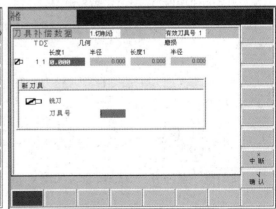

图 4-48　"新刀具"对话框

（4）在"刀具号"文本框中输入想要设定的刀具号，若要建立一把 2 号刀，则输入数字 2，如图 4-49 所示。

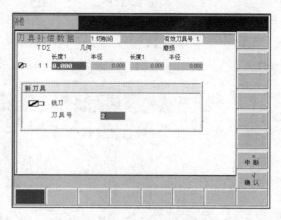

图 4-49　输入刀具号

（5）按"确认"软件按钮，如图 4-50 所示，完成刀具的建立，如图 4-51 所示。

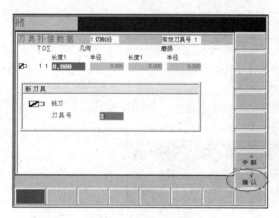

图 4-50　"确认"软件按钮

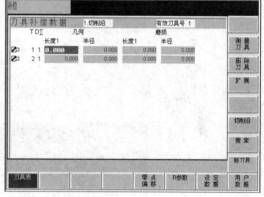

图 4-51　建立刀具

（6）在"几何"栏的"半径"文本框中输入刀具名义半径值，如图 4-52 所示。

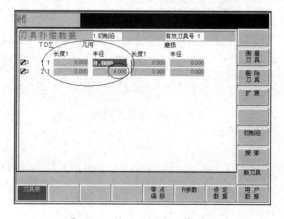

图 4-52　输入刀具名义半径值

3. 调用刀具

（1）按 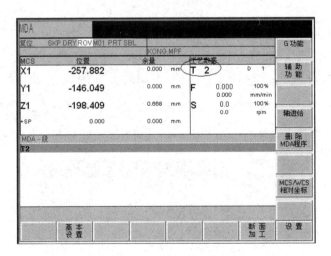M POSITOIN 加工操作区域按钮，选择位置画面。

（2）按 MDI 按钮，进入 MDA 画面。

（3）输入要调用的刀具号，如调用 2 号刀，则输入 T2，如图 4-53 所示。

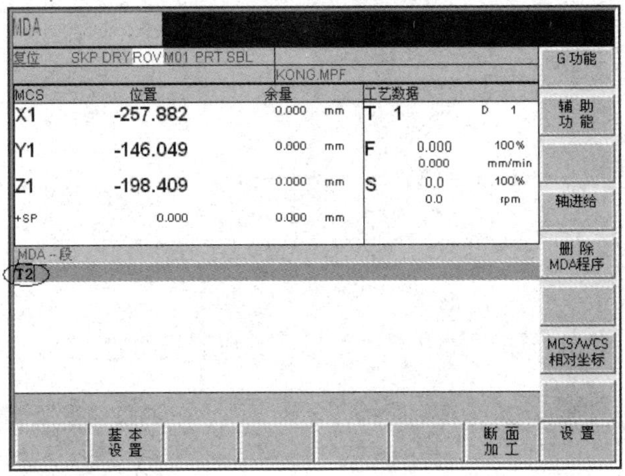

图 4-53　输入被调用刀具程序

（4）按 CYCLE START 循环启动按钮，执行该程序，则 2 号刀被调出，如图 4-54 所示。

图 4-54　2 号刀调出

4. 对刀

（1）X 轴向对刀（刀具为 2 号刀，刀具半径为 4mm，工件为 100mm×100mm 的方料）。

①按 M POSITOIN 按钮进入加工操作区域画面。

②按 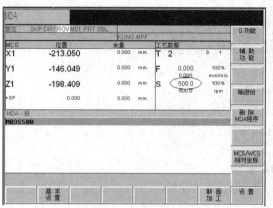 功能方式按钮，输入使主轴正转指令将主轴开启，如正转 500r/min，如图 4-55 所示。

③按 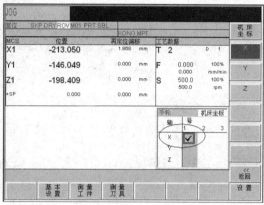 手动方式按钮，再按 [VAR] 增量（手轮）方式按钮，进入手轮模式状态。

④选择"手轮"方式中的"X"轴，如图 4-56 所示，再将手轮倍率调至适当的位置，转动手轮使刀具向工件的一边移动，直至刀具轻碰工件。

图 4-55　主轴显示

图 4-56　对刀轴的选择

⑤按"测量工件"软件按钮，如图 4-57 所示，进入对刀参数设置界面，如图 4-58 所示。

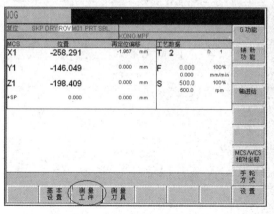

图 4-57　"测量工件"软件按钮

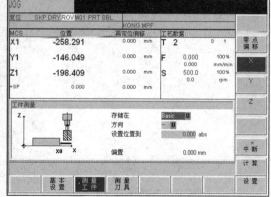

图 4-58　对刀参数设置界面

⑥按屏幕右侧的坐标轴选择软件按钮，这里按"X"软件按钮（如对 Y 轴要按"Y"软件按钮），如图 4-59 所示。

⑦在"存储在"栏中选择需要的工件坐标系（范围为 G54 ～ G59）。此处以 G54 为例，连续按面板上的 SELECT 按钮，直至出现"G54"，如图 4-60 所示。

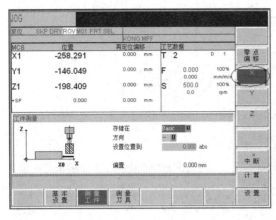 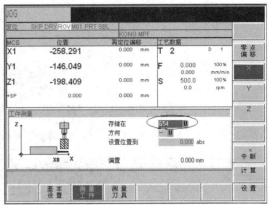

图 4-59　坐标轴的选择按钮画面　　　　图 4-60　选择工件坐标系 G54

⑧在"方向"栏中选择刀具的方向，如图 4-61 所示。在机床中，此时实际刀具和工件所处的位置与屏幕图中的位置相同，若不同（反向）可按 按钮进行切换。"±"选择的具体解释为：假设现在机床中刀具和工件的位置与屏幕图中的位置相同，刀具要找到工件的中心还必须向 X 轴的负方向再移动工件的一半值加刀具的半径值，因此在"方向"栏中要选择"－"。

⑨在"设置位置到"栏中输入"50"，如图 4-62 所示。此处是指刀具现在所处的位置与刀具最终所要达到的中心点位置之间的距离，刀具半径值系统会自动加上。

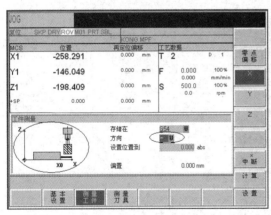 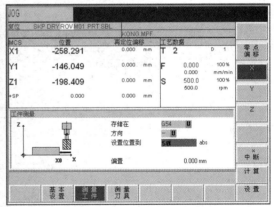

图 4-61　选择刀具方向　　　　图 4-62　"设置位置到"栏

⑩完成后按"计算"软件按钮，如图 4-63 所示；系统会自动计算刀具到工件中心的坐标数值（如图 4-64 所示），并将该值存储到"G54"的"X"栏中，如图 4-65 所示。

⑪将刀具沿 Z 轴向抬高并离开工件。

（2）Y 轴向对刀。

Y 轴向对刀操作与 X 轴向对刀操作相同。

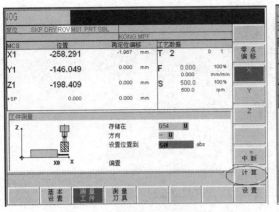

图 4-63 "计算"软件按钮

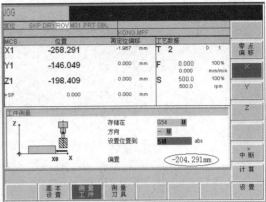

图 4-64 最终 X 轴向对刀数值

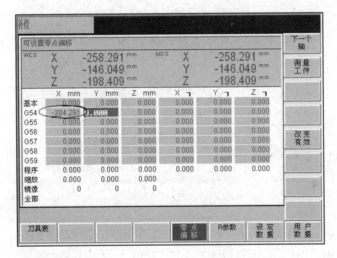

图 4-65 X 轴向对刀坐标值的存储

（3）Z 轴向对刀。

① 按 M / POSITOIN 按钮进入加工操作区域画面。

② 按 MDI 功能方式按钮，输入使主轴正转指令将主轴开启，如正转 500r/min。

③ 按 JOG 手动方式按钮，再按 [VAR] 增量（手轮）方式按钮，进入手轮模式状态。

④ 选择"手轮"方式中的"Z"轴，再将手轮倍率调至适当的位置，转动手轮使刀具由上往下向工件的上表面移动，直至刀具轻碰工件上表面。

⑤ 按"测量刀具"软件按钮，如图 4-66 所示，再按"长度"软件按钮，进入 Z 轴向对刀参数设置界面。

图 4-66 "测量刀具"软件按钮

⑥在"存储在"栏中按  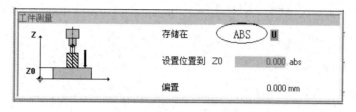 按钮选择"ABS"，如图 4-67 所示。

图 4-67 Z 轴向对刀存储位置设置

⑦在"设置位置到"栏中输入"0"，如图 4-68 所示，这是因为刀具现在所处的位置在工件上表面。

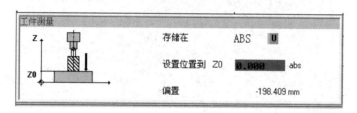

图 4-68 输入对刀数值

⑧完成后按"计算"软件按钮，系统会自动计算刀具的 Z 轴向坐标数值（见图 4-69），并将该值存储到"刀具补偿数据"中的 2 号刀"长度 1"栏中，如图 4-70 所示。

⑨将刀具沿 Z 轴向抬高并离开工件。

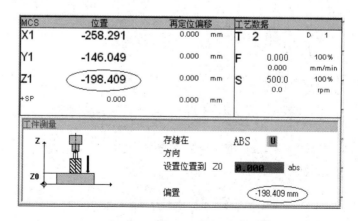

图 4-69 Z 轴向对刀计算结果

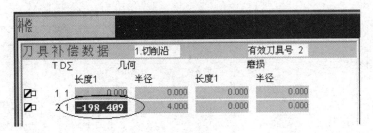

图 4-70　Z 轴向对刀数值存储位置

4.2　SIEMENS-802D 系统编程

4.2.1　程序格式

1. 程序名

每个程序都有一个程序名。SIEMENS 系统在编写程序时按以下规则确定程序名。

（1）开始的两个符号必须是字母。

（2）其后的符号可以是字母、数字或下画线。

（3）最多 16 个字符。

（4）不得使用分隔符。

例如，LYSK123。

2. 程序段格式

N____	G____	X____	Y____	Z____	F____	S____	T____	D____	M____	H____
↓	↓	↓	↓	↓	↓	↓	↓	↓	↓	↓
程序段顺序号	准备功能	X 轴移动指令	Y 轴移动指令	Z 轴移动指令	进给功能	主轴功能	刀具功能	刀具补偿号	辅助功能	H 功能

4.2.2　准备功能

准备功能（G 代码）用来规定刀具和工件的相对运动轨迹、机床坐标系、坐标平面、刀具补偿、坐标偏置等多种加工操作。SIEMENS 系统数控铣床准备功能指令较多，具体需参见数控系统操作说明书，常用 G 代码指令如表 4-2 所示。

表 4-2　SIEMENS 系统数控铣床常用 G 代码指令

分类	分组	代码	意义	格式	备注
插补	1	G00	快速插补（笛卡儿坐标）	G00 X__ Y__ Z__	在直角坐标系中
			快速插补（笛卡儿坐标）	G00 AP=__ RP__ 或 G00AP=__RP=__Z__（柱面坐标系三维）	在极坐标系中
		G01*	直线插补（笛卡儿坐标）	G01 X__ Y__ Z__ F__	在直角坐标系中
			直线插补（笛卡儿坐标）	G01 AP=__ RP__ F__ 或 G01 AP=__ RP=__ Z__ F__（柱面坐标系三维）	在极坐标系中
		G02	顺时针圆弧（笛卡儿坐标，终点＋圆心）	G02 X__ Y__ I__ J__ F__	X、Y 确定终点，I、J、F 确定圆心
				G02 X__ Y__ I__ J__ TURN=__ F__	螺旋插补
			顺时针圆弧（笛卡儿坐标，终点＋半径）	G02 X__ Y__ CR=__ F__	X、Y 确定终点，CR 为半径（大于 0 为优弧，小于 0 为劣弧）
				G2 X__ Y__ CR=__ TURN=__ F__	螺旋插补
			顺时针圆弧（笛卡儿坐标，圆心＋圆心角）	G02 AR=__ I__ J__ F__	AR 确定圆心角（0°～360°），I、J、F 确定圆心
				G02 AR=__ I__ J__ TURN__ F__	螺旋插补
			顺时针圆弧（笛卡儿坐标，终点＋圆心角）	G02 AR=__ X__ Y__ F__	AR 确定圆心角（0°～360°），X、Y 确定终点
				G02 AR=__ X__ Y__ TURN__ F__	螺旋插补
				G02 AP=__ RP__ F__ 或 G02 AP=__ RP=__ Z__ F__（柱面坐标系三维）	在极坐标系中
		G03	逆时针圆弧(笛卡儿坐标，终点＋圆心)	G03 X__ Y__ I__ J__ F__	
				G03 X__ Y__ I__ J__ TURN__ F__	
			逆时针圆弧(笛卡儿坐标，终点＋半径)	G03 X__ Y__ CR=__ F__	
				G03 X__ Y__ CR=__ TURN__ F__	
			逆时针圆弧(笛卡儿坐标，圆心＋圆心角)	G03 AR=__ I__ J__ F__	
				G03 AR=__ I__ J__ TURN__ F__	
			逆时针圆弧(笛卡儿坐标，终点＋圆心角)	G03 AR=__ X__ Y__ F__	
				G03 AR=__ X__ Y__ TURN__ F__	

分类	分组	代码	意义	格式	备注
插补	1	G03		G03 AP=__RP__F__ 或 G03 AP=__RP=__Z__F__（柱面坐标系三维）	
		G33	恒螺距的螺纹切削	S__M__	主轴速度，方向
				G33 Z__K__	带有补偿夹具的锥螺纹切削
		G331	螺纹插补	N10 SPOS=__	主轴处于位置调节状态
				N20 G331 Z__K__S__	在主轴方向不带补偿夹具攻丝；右旋螺纹或左旋螺纹通过螺距的符号（如 K+）确定： +：同 M3 −：同 M4
		G332	不带补偿夹具切削内螺纹—退刀	G332 Z__K__	螺距符号同 G331
平面	6	G17*	指定 X/Y 平面	G17	该平面上的垂直轴为刀具长度补偿轴
		G18	指定 Z/X 平面	G18	该平面上的垂直轴为刀具长度补偿轴
		G19	指定 Y/Z 平面	G19	该平面上的垂直轴为刀具长度补偿轴
增量设置	14	G90*	绝对尺寸	G90	
		G91	增量尺寸	G91	
单位	13	G70	英制尺寸	G70	
		G71*	公制尺寸	G71	
	2	G4	暂停时间	G04	
工件坐标	8	G500*	取消可设定零点偏值	G500	
		G55	第二可设定零点偏值	G55	
		G56	第三可设定零点偏值	G56	
		G57	第四可设定零点偏值	G57	
		G58	第五可设定零点偏值	G58	
		G59	第六可设定零点偏值	G59	
复位	2	G74	返回参考点（原点）	G74 X1=__Y1=__Z1=__	返回参考点的速度为机床固定值，指定返回参考点的轴不能有 Transformation（转换）。若有则用 TRAFOOF 取消
		G75	返回固定点	G75 X1=__Y1=__Z1=__	
刀具补偿	7	G40*	刀尖半径补偿方式的取消	G40	在指令 G40、G41 和 G42 的一行中必须同时有 G00 或 G01 指令（直线），且要指定一个当前平面内的一个轴如在 X-Y 平面下，N20 G01 G41 Y50
		G41	调用刀尖半径补偿，刀具在轮廓左侧移动	G41	
		G42	调用刀尖半径补偿，刀具在轮廓右侧移动	G42	

续表

分类	分组	代码	意义	格式	备注
刀具补偿	9	G53	按程序段方式取消可设定零点偏值	G53	
	18	G450*	圆弧过渡	G450	
		G451	等距线的交点，刀具在工件转角处不切削	G451	

注：加 * 的功能在程序启动时生效。

1. 常用轮廓加工 G 代码

（1）G90、G91、AC、IC 绝对和增量位置数据。

G90 和 G91 指令分别对应着绝对位置数据输入和增量位置数据输入。其中，G90 表示坐标系中目标点的坐标尺寸，G91 表示待运行的位移量。G90、G91 适用于所有坐标轴。在位置数据与 G90/G91 的设定不同时，可以在程序段中通过 AC、IC 以绝对尺寸 / 相对尺寸方式进行设定。这两个指令不决定到达终点位置的轨迹，轨迹由 G 代码组中的其他 G 代码指令决定，如 G00、G01、G02、G03 等。

格式

G90：绝对尺寸。

G91：增量尺寸。

X=AC(…)：某轴以绝对尺寸输入，程序段方式。

X=IC(…)：某轴以相对尺寸输入，程序段方式。

提示

使用 =AC(…)，=IC(…) 定义赋值时必须有一个等于符号，且数值在圆括号中。圆心坐标也可以绝对尺寸使用 =AC(…) 定义。

示例

如图 4-71 所示的图形使用 G90、G91 指令编程。

G90 编程：

…

G90 X12 Y10　　　（绝对尺寸）

X20 Y21　　　　　（绝对尺寸）

X30 Y=IC（7）　　（*X* 仍然是绝对尺寸，*Y* 是增量尺寸）

G91 编程：

…

G91 X12 Y10　　　（增量尺寸）

X20 Y21　　　　　（增量尺寸）

X30 Y=AC（28） （*X* 仍然是增量尺寸，*Y* 是绝对尺寸）

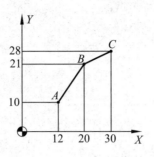

图 4-71　G90、G91 加工示例

（2）G71、G70、G710、G700 公制尺寸 / 英制尺寸。

在数控加工中，即使工件所标注尺寸的尺寸系统与系统设定的尺寸系统（英制或公制）不同，这些尺寸也可以直接输入程序中，系统会自动完成尺寸的转换工作。

G70：英制尺寸。

G71：公制尺寸。

G700：英制尺寸，也适用于进给率。

G710：公制尺寸，也适用于进给率。

N10 G70 X10 Y30　　　（英制尺寸）

N20 X40 Y50　　　（G70 继续生效）

…

N80 G71 X19 Y17.3　　（开始公制尺寸）

…

　　　系统根据所设定的状态将所有的几何值转换为公制尺寸或英制尺寸（此处刀具补偿值和可设定的零点偏置值也作为几何尺寸）。同样，进给率的单位分别为 mm/min 或 inch/min。基本状态可以通过机床数据设定。

本书中的例子均以基本状态为公制尺寸作为前提条件。

用 G70 或 G71 编写所有与工件直接相关的几何数据程序，例如，

①在 G00，G01，G02，G03，G33，CIP，CT 功能下的位置数据 X、Y、Z；

②插补参数 I，J，K，包括螺距；

③圆弧半径 CR；

④可编程的零点偏置（TRANS，ATRANS）；

⑤极坐标半径 RP。

所有其他与工件没有直接关系的几何数值，如进给率、刀具补偿、可设定的零点偏置，都与 G70、G71 的编程无关。G700、G710 用于设定进给率的尺寸系统（inch/min，inch/r 或 mm/min，mm/r）。

（3）G00 快速点定位。

G00 用于快速定位刀具，并没有对工件进行加工。也可以在几个轴上同时执行快速移动，由此产生一个线性轨迹。机床数据中规定每个坐标轴快速移动速度的最大值，一个坐标轴运行时以此速度快速移动。如果快速移动同时在两个轴上执行，则移动速度为考虑所有参与轴的情况下所能达到的最大速度。用 G00 快速移动时在地址 F 下编程的进给率无效。G00 指令一直有效，直到被 G 功能组中的其他指令（G01、G02、G03…）取代为止。

 格式

G00 X _ Y _ Z _
从刀具所在点以最快速度移动到目标点。(X, Y, Z) 为目标点坐标。

 提示

目标点的位置坐标 (X, Y, Z) 可用绝对位置数据 G90 或增量位置数据 G91 输入。

 示例

如图 4-72 所示，已知刀具起点坐标为（10,12,50），现用 G00 指令进行编程。

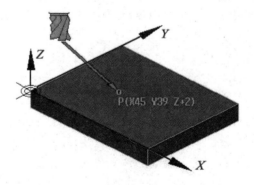

图 4-72　G00 编程示例

绝对坐标编程：　　　　　增量坐标编程：
G00 X10 Y12 Z50　　　　G00 X10 Y12 Z50
G90（可省略）　　　　　G91
G00 X45 Y39 Z2　　　　　G00 X35 Y27 Z-48

（4）G1 直线插补。

刀具以直线从起点移动到目标位置，以地址 F 指定的进给速度运行。所有坐标轴可以同时运行。

G01 指令一直有效，直到被 G 功能组中的其他指令（G00、G02、G03…）取代为止。

 格式 G01 X _ Y _ Z _ F _ 　　　（直角坐标系）

 提示 目标点的位置坐标 (X,Y,Z) 可以用绝对位置数据 G90 或增量位置数据 G91 输入。

 示例 如图 4-73 所示的斜槽加工，已知刀具起点 X、Y 平面坐标为 $P_0(27,21)$，终点 X、Y 平面坐标为 $P_1(95,70)$。

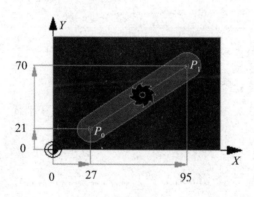

图 4-73　G01 编程示例

编程如下：

…

S800 M3 　　　　　　　　　（主轴正转开启，转速为 800r/min）

G00 G90 X40 Y48 Z2 　　　（刀具快速移动到 P_0，Z 轴向定位在工件上表面 2mm 处）

G01 Z-8 F100 　　　　　　 （进刀到 Z-8，进给率为 100mm/min）

X95 Y70 Z-10 F200 　　　　（刀具以直线移动到 P_1，进给率为 200mm/min）

…

（5）G02、G03 圆弧插补。

刀具沿圆弧轮廓从起点移动到终点。移动方向由 G 功能定义。

① G02：顺时针圆弧插补。

② G03：逆时针圆弧插补。

进给率 F 决定圆弧插补速度。圆弧可按下述不同方式表示：

①圆心坐标和终点坐标；

②半径和终点坐标；

③圆心和张角；

④张角和终点坐标。

G02 和 G03 指令一直有效，直到被 G 功能组中的其他指令（G00、G01…）取代为止。

圆弧插补 G02、G03 在 3 个平面中的方向规定如图 4-74 所示。

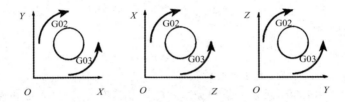

图 4-74　G02/G03 在 3 个平面中的方向规定

G02/03 X _ Y _ I _ J _ F _	（圆心坐标和终点坐标）
G02/03 X _ Y _ CR= _ F _	（半径和终点坐标）
G02/03 I _ J _ AR= _ F _	（圆心和张角）
G02/03 X _ Y _ AR= _ F _	（张角和终点坐标）

式中，X、Y：圆弧终点坐标。

　　　　I、J、K：圆弧圆心在 X 轴、Y 轴、Z 轴上相对于圆弧起点的增量坐标。

　　　　CR：圆弧半径。

　　　　AR：张角角度。

①插补一个整圆只能用圆心坐标和终点坐标方式即 I、J、K 方式编程。

②在起点、终点、半径和方向相同时可以有两种圆弧，其中 CR 数值为负表示所插补圆弧大于半圆，正值表示小于或等于半圆的圆弧。

③系统仅能接收一定范围内的公差。比较圆弧的起点和终点，若差值在公差之内，则可以精确设定圆心，否则发出警报。

用圆心坐标和终点坐标进行圆弧插补，如图 4-75 所示。

…

G00 G90 X21.76 Y30　　　　　　　　（圆弧的起点坐标）

G02 X42.25 Y30 I10.24 J-8 F200　　　（终点坐标和圆心坐标）

…

用终点坐标和半径尺寸进行圆弧插补，如图 4-76 所示。

...

G00 G90 X21.76 Y30　　　　　　　　（圆弧的起点坐标）

G02 X42.25 Y30 CR=13 F200　　　　　（终点坐标和半径）

...

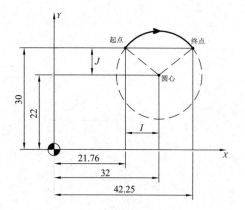

图 4-75　圆心坐标和终点坐标编程

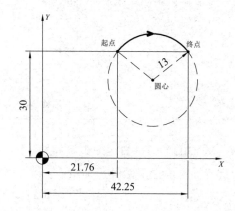

图 4-76　终点坐标和半径尺寸编程

用张角和终点坐标进行圆弧插补，如图 4-77 所示。

...

G00 G90 X21.76 Y30　　　　　　　　（圆弧的起点坐标）

G02 X42.25 Y30 AR=105 F200　　　　（终点坐标和张角）

...

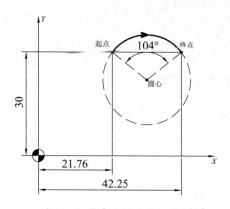

图 4-77　张角和终点坐标编程

用圆心坐标和张角进行圆弧插补，如图 4-78 所示。

...

G00 G90 X21.76 Y30　　　　　　　　　（圆弧的起点坐标）

G02 I10.24 J-8 AR=105 F200　　　　　（圆心坐标和张角）

...

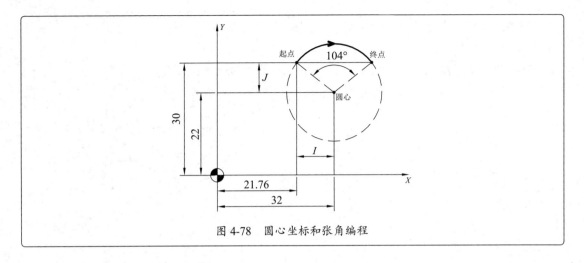

图 4-78　圆心坐标和张角编程

（6）G02/G03，TURN 螺旋插补。

螺旋插补由以下两种运动组成：

①在 G17、G18 或 G19 平面中进行的圆弧运动；

②垂直上述平面的直线运动。

G02/G03 X _ Y _ I _ J _ TURN= _ F _	（圆心坐标和终点坐标）
G02/G03 CR= _ X _ Y _ TURN= _ F _	（圆半径和终点坐标）
G02/G03 AR= _ I _ J _ TURN= _ F _	（张角和圆心坐标）
G02/G03 AR= _ X _ Y _ TURN= _ F _	（张角和终点坐标）

式中，TURN：整圆循环的个数。

螺旋插补可用于铣削螺纹或油缸的润滑槽加工中。

G17	（X-Y 平面，Z 轴垂直于该平面）
…	
…Z…	
G01 X0 Y50 F200	（返回起点）
G03 X0 Y0 Z-8 I0 J-25 TURN=3	（3 个螺旋）

（7）G04 暂停。

通过在两个程序段之间插入一个 G04 程序段，可以使加工中断给定的时间，如退刀槽切削。

G04 程序段（含地址 F 或 S）只对单个程序段有效，并暂停所给定的时间。在此之前编程的进给量 F 和主轴转速 S 保持存储状态。

G04 F__　　暂停时间（秒）
G04 S__　　暂停主轴转数

…
S300 M3
G01 Z-50 F200
G04 F2.5　　（暂停 2.5s）
Z70
G04 S30　　（主轴暂停 30 转，相当于在 S=300r/min 和转速修调 100%
　　　　　　　时暂停时间为 0.1min）
X…　　　　（进给率和主轴转速继续有效）
…

G04 S__ 只有在受控主轴情况下才有效，即当转速给定值同样通过 S 编程时。

（8）倒角和倒圆。

①倒角。

倒角是指在直线轮廓之间、圆弧轮廓之间及直线轮廓和圆弧轮廓之间切入一条直线并倒去棱角。

G01 X _ Y _ CHF= _
式中，CHF：倒角长度。

具体用法可参见 FANUC 倒角部分。

②倒圆。

倒圆是指在直线轮廓之间、圆弧轮廓之间及直线轮廓和圆弧轮廓之间切入一圆弧，圆弧与轮廓进行切线过渡。

RND= _
式中，RND：倒圆半径。

具体用法可参见 FANUC 倒圆部分。

（9）G41、G42、G40 刀具半径补偿。

刀具在所选择的平面，即 G17 ~ G19 平面中带刀具半径补偿工作。刀具必须有相应的 *D* 号才有效。刀具半径补偿通过 G41、G42 指令生效。控制器自动计算当前刀具运行所产生的与编程轮廓等距离的刀具轨迹，如图 4-79 所示。

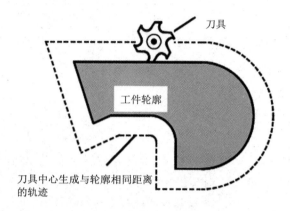

图 4-79　与编程轮廓等距离的刀具轨迹

　　　G00/G01 G41…

　　　　　G00/G01 G42…

　　　　　G00/G01 G40…

　　式中，G41：刀具半径左补偿（见图 4-80）。判别方法可参见 FANUC 部分。

　　　　　G42：刀具半径右补偿（见图 4-80）。判别方法可参见 FANUC 部分。

　　　　　G40：取消刀具半径补偿。

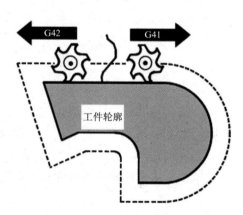

图 4-80　刀具半径左 / 右补偿判断

提示 通常情况下，在 G41、G42 程序段之后紧接着工件轮廓的第一个程序段。但当连续出现 5 个没有轮廓位移定义（如只有 M 指令或进给动作）的程序段时，G41、G42 自动中断。

 示例 如图 4-81 所示进行刀具半径补偿编程。

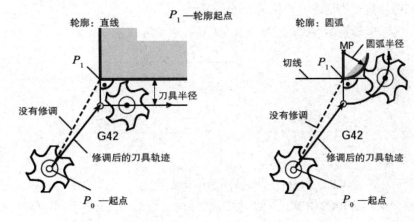

图 4-81　刀具半径补偿编程

…
T… D2　　　　　　　　（补偿 2 号刀沿）
X… Y…F300　　　　　（起点 P_0，进给率 300mm/min）
G01 G42 X… Y…　　　（工件轮廓右边补偿，P_1）
X… Y…
…

在选择补偿方式后也可以执行带进刀量的（即 Z 轴向进刀）或 M 指令的程序段：
…
G01 G41 X… Y…　　　（选择工件轮廓左边补偿）
Z…　　　　　　　　　（进刀运动）
X… Y…　　　　　　　（起始轮廓）
…

（10）可设定的零点偏置。

 格式 G54：第一可设定零点偏置。
G55：第二可设定零点偏置。
G56：第三可设定零点偏置。

G57：第四可设定零点偏置。

G58：第五可设定零点偏置。

G59：第六可设定零点偏置。

（11）进给率 *F*。

F 的单位由 G 功能确定。

G94：直线进给率，单位为 mm/min。

G95：旋转进给率，单位为 mm/r（只有主轴旋转才有意义）。

G94 F300	（进给量为 300mm/min）
...	
G95 F0.2	（进给量为 0.2mm/r）

2. 简化编程指令

（1）MIRROR、AMIRROR 镜像功能指令。

MIRROR 和 AMIRROR 可以使用坐标轴镜像工件的几何尺寸。对镜像功能的坐标轴编程，其所有运动都以反向运行。

MIRROR X_Y_Z_	（可编程的镜像）
AMIRROR X_Y_Z_	（可编程的镜像，附加于当前的指令）
MIRROR	（不带数值表示删除所有有关偏移、旋转、比例系数、镜像的指令）

①MIRROR/AMIRROR 指令要求是一个独立的程序段。坐标轴的数值没有影响，但必须定义一个数值。

②在镜像功能有效时刀具半径补偿（G41、G42）会自动反向。

③在镜像功能有效时旋转方向 G2、G3 会自动反向。

如图 4-82 所示，SIEMENS-802D 系统的镜像应用如下。

...

N10 G17	（*X-Y* 平面，*Z* 轴垂直于该平面）
N20 L10	（编程的轮廓，带 G41）
N30 MIRROR X0	（在 *X* 轴改变方向，镜像轴为 *Y* 轴）
N40 L10	（镜像的轮廓）
N50 MIRROR Y0	（在 *Y* 轴改变方向，镜像轴为 *X* 轴）

N60 L10　　　　　　　（镜像的轮廓）

N70 AMIRROR X0　　（再次镜像，又回到 X 方向，镜像轴为 Y 轴）

N80 L10　　　　　　　（轮廓镜像两次，即先以 X 轴为镜像轴，再以 Y 轴为镜像轴）

N90 MIRROR　　　　　（取消镜像功能）

…

子程序调用可参见子程序介绍部分。

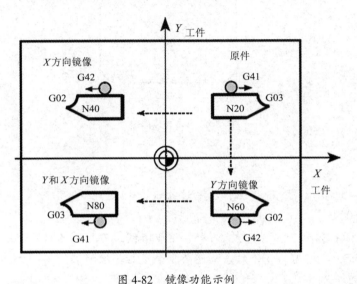

图 4-82　镜像功能示例

（2）ROT、AROT 旋转功能指令。

在当前的 G17、G18 或 G19 平面中执行旋转。

ROT RPL=_　　　　　（可编程旋转）

AROT RPL=_　　　　（可编程旋转，附加于当前的指令）

ROT　　　　　　　　（不带数值表示删除以前的偏移、旋转、比例系数和镜像指令）

式中，RPL：旋转角度（逆时针旋转为正，顺时针旋转为负），单位是度（°）。

ROT/AROT 指令要求是一个独立的程序段。

如图 4-83 所示，SIEMENS-802D 系统的旋转应用如下。

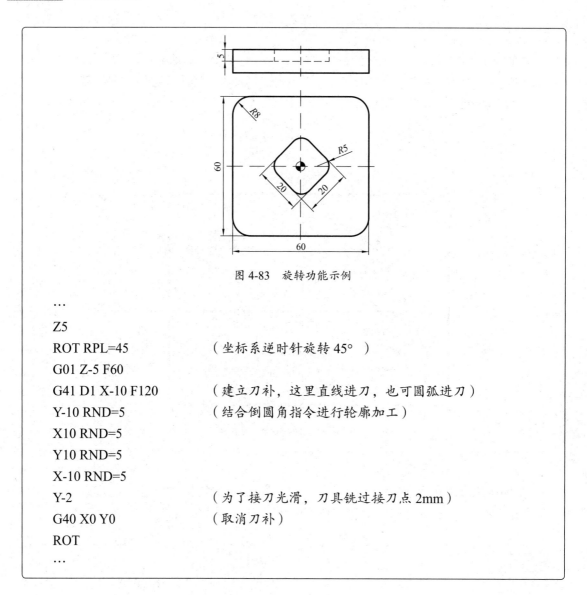

图 4-83　旋转功能示例

…

Z5

ROT RPL=45　　　　　　　　（坐标系逆时针旋转 45°）

G01 Z-5 F60

G41 D1 X-10 F120　　　　（建立刀补，这里直线进刀，也可圆弧进刀）

Y-10 RND=5　　　　　　　（结合倒圆角指令进行轮廓加工）

X10 RND=5

Y10 RND=5

X-10 RND=5

Y-2　　　　　　　　　　　（为了接刀光滑，刀具铣过接刀点 2mm）

G40 X0 Y0　　　　　　　　（取消刀补）

ROT

…

（3）TRANS、ATRANS 零点偏置。

如果在工件上不同的位置有重复出现的形状或结构，或者选用一个新的参考点，就需要使用可编程零点偏置。由此产生一个当前新的工件坐标系，新输入的尺寸均是在新工件坐标系中的数据尺寸。

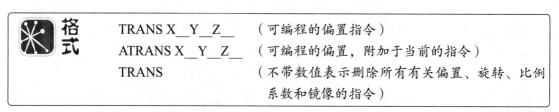

TRANS X__Y__Z__　　　（可编程的偏置指令）

ATRANS X__Y__Z__　　　（可编程的偏置，附加于当前的指令）

TRANS　　　　　　　　　（不带数值表示删除所有有关偏置、旋转、比例系数和镜像的指令）

TRANS/ATRANS 指令要求是一个独立的程序段。

 如图 4-84 所示，SIEMENS-802D 系统的零点偏置应用如下。

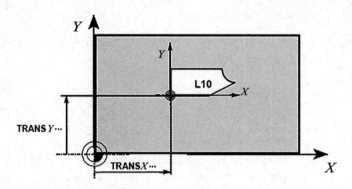

图 4-84　零点偏置示例

…

TRANS X20 Y15　　　（可编程零点偏置）

L10　　　　　　　　（子程序调用，其中包含待偏移的几何量）

…

TRANS　　　　　　　（取消偏置）

…

子程序调用可参见子程序介绍部分。

3．标准循环

SIEMENS-802D 系统中装有以下常用的标准循环。

CYCLE81：钻孔、中心孔。

CYCLE82：钻削、沉孔加工。

CYCLE83：深孔钻削。

CYCLE84：刚性攻丝。

CYCLE85：铰孔 1、镗孔 1。

CYCLE86：镗孔 2。

HOLES1：钻削直线排列的孔。

HOLES2：钻削圆弧排列的孔。

（1）CYCLE81（RTP，RFP，SDIS，DP，DPR）。

刀具按照编程的主轴速度和进给率钻孔直至到达要求输入的最后钻孔深度。

RTP：返回平面（即起始平面，绝对坐标值）。

RFP：参考平面（绝对坐标值）。

SDIS：安全间隙（无符号输入）。

DP：最后钻孔深度（绝对坐标值）。

DPR：相对于参考平面的最后钻孔深度（无符号输入）。

CYCLE81 指令的循环动作顺序如下（见图 4-85）。

①使用 G00 指令移动到安全间隙所在的参考平面。

②按循环调用前所编程的进给率（G1_ F_）移动到最后的钻孔深度。

③使用 G00 指令回到返回平面。

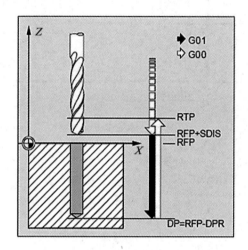

图 4-85　CYCLE81 循环动作示意图

 提示　①若一个值同时输入给 DP 和 DPR，则最后钻孔深度来自 DPR。若该值与由 DP 编程的绝对值深度不同，则在信息栏中出现"深度：符合相对深度值"。

②若参考平面和返回平面的值相同，不允许深度的相对值定义，则将输出错误信息 61101"参考平面定义不正确"且不执行循环。若返回平面在参考平面后（即返回平面低于参考平面），到最后钻孔深度的距离更小，也会输出此错误信息。

（2）CYCLE82（RTP，RFP，SDIS，DP，DPR，DTB）。

刀具按照编程的主轴速度和进给率钻孔直至到达输入的最后钻孔深度。到达最后钻孔深度时允许停顿时间。

RTP：返回平面（即起始平面，绝对坐标值）。

RFP：参考平面（绝对坐标值）。

SDIS：安全间隙（无符号输入）。

DP：最后钻孔深度（绝对坐标值）。

DPR：相对于参考平面的最后钻孔深度（无符号输入）。

DTB：最后钻孔深度的停顿时间（断屑，单位为 s）。

CYCLE82 指令的循环动作顺序如下（见图 4-86）。

①使用 G00 指令移动到安全间隙所在的参考平面。

②按循环调用前所编程的进给率（G1_F_）移动到最后的钻孔深度。

③在最后钻孔深度处的停顿时间。

④使用 G00 指令回到返回平面。

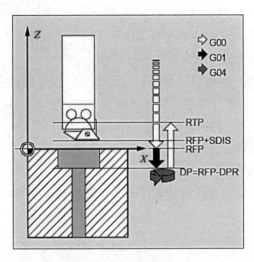

图 4-86　CYCLE82 循环动作示意图

 提示　与 CYCLE81 相同。

（3）CYCLE83（RTP，RFP，SDIS，DP，DPR，FDEP，FDPR，DAM，DTB，DTS，FRF，VARI）。

刀具以编程的主轴速度和进给率开始钻孔，直至定义的最后钻孔深度。

深孔钻削通过多次执行最大可定义的深度并逐步增加，直至到达最后钻孔深度来实现。

钻头可在每次进给深度完成后退回参考平面加上安全间隙的距离用于排屑，或每次退回 1mm 用于断屑。

RTP：返回平面（即起始平面，绝对坐标值）。

RFP：参考平面（绝对坐标值）。

SDIS：安全间隙（无符号输入）。

DP：最后钻孔深度（绝对坐标值）。

DPR：相对于参考平面的最后钻孔深度（无符号输入）。

FDEP：起始钻孔深度（绝对坐标值）。

FDPR：相对于参考平面的起始钻孔深度（无符号输入）。

DAM：递减量（无符号输入）。

DTB：最后钻孔深度处的停顿时间（断屑，单位为 s）。

DTS：起点处和用于排屑的停顿时间（单位为 s）。

FRF：起始钻孔深度的进给率系数（无符号输入），该系数只适用于循环中的首次钻孔深度（一般不用），范围为 0.001 ~ 1。

VARI：加工类型，断屑 =0，排屑 =1。

当 VARI=1 时，CYCLE83 指令的循环动作顺序如下（见图 4-87）。

①使用 G00 指令回到有安全间隙前的参考平面。

②使用 G01 指令移动到起始钻孔深度，进给率来自程序调用中的进给率，它取决于参数 FRF（进给率系数）。

③按在最后钻孔深度处的停顿时间停顿（参数 DTB）。

④使用 G00 指令返回有安全间隙的参考平面，用于排屑。

⑤执行起点的停顿时间（参数 DTS）。

⑥使用 G00 指令回到上次到达的钻孔深度，并保持预留量距离。

⑦使用 G01 指令钻削到下一个钻孔深度（持续动作顺序直至到达最后钻孔深度）。

⑧使用 G00 指令回到返回平面。

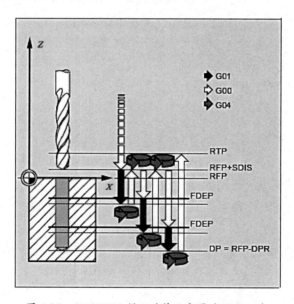

图 4-87　CYCLE83 循环动作示意图（VARI=1）

当 VARI=0 时，CYCLE83 指令的循环动作顺序如下（见图 4-88）。

①使用 G00 指令回到有安全间隙的参考平面。

②使用 G01 指令移动到起始钻孔深度，进给率来自程序调用中的进给率，它取决于参

数 FRF（进给率系数）。

③按在最后钻孔深度处的停顿时间停顿（参数 DTB）。

④使用 G01 指令从当前钻孔深度后退 1mm，采用调用程序中的编程进给率（用于断屑）。

⑤使用 G01 指令按所编程的进给率执行下一次钻孔切削（持续动作顺序直至到达最终钻削深度）。

⑥使用 G00 指令回到返回平面。

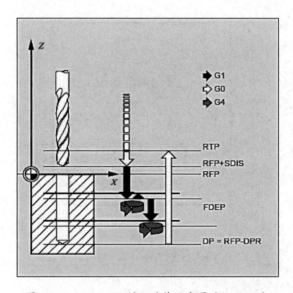

图 4-88 CYCLE83 循环动作示意图（VARI=0）

钻孔深度以最后钻孔深度、首次钻孔深度和递减量为基础，在循环中按如下方法计算。

①进行首次钻深，只要不超出总钻孔深度即可。

②从第二次钻深开始，冲程由上一次钻深减去递减量获得，但要求钻深大于所编程的递减量。

③当剩余量大于两倍的递减量时，以后的钻削量等于递减量。

④最终的两次钻削行程被平分，因此钻削量始终大于一半的递减量。

⑤若第一次的钻深值和总钻深不符，则输出错误信息 61107 "首次钻深定义错误"，而且不执行循环程序。

由于 CYCLE81 和 CYCLE82 相对简单，所以下面以 CYCLE83 举例，CYCLE81 和 CYCLE82 参考 CYCLE83 即可。

如图 4-89 所示，现要求用 CYCLE83 指令编写 4-ϕ6 的孔加工程序，已知钻头刀号为 2 号，主轴转速为 1000r/min，加工进给量为 80mm/min，第一象限孔中心坐标为 (12,12)。

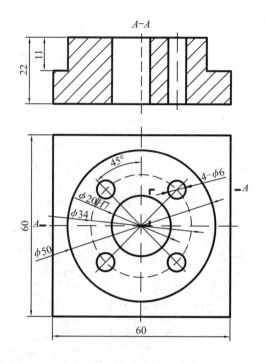

图 4-89　CYCLE83 指令编程示例

操作及编程如下。

①将程序名定义为"KONG"，并编写程序如图 4-90 所示，按"钻削"软件按钮（图中 1 处），再按"深孔钻"软件按钮（图中 2 处）。

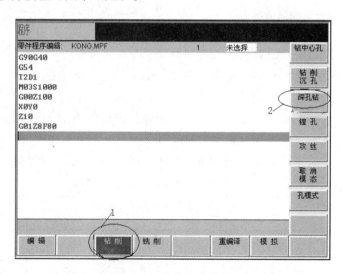

图 4-90　零件程序编辑

②在深孔参数设置界面中输入数值，如图 4-91 所示。

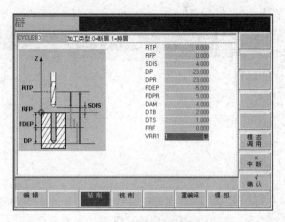

图 4-91　深孔参数设置界面

③由于 4 个孔需一次性钻完，所以使钻孔程序变为模态状态，以便持续有效。按"模态调用"软件按钮（见图 4-92），在屏幕左上角显示"MCALL"表示进入模态状态。

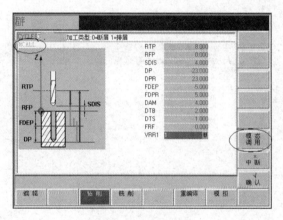

图 4-92　模态状态

④按"确认"软件按钮，返回程序画面（见图 4-93）继续完成编程。

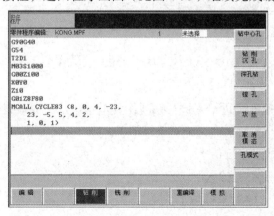

图 4-93　程序画面

⑤使用 G00 指令将 4 个孔的中心坐标编入程序，坐标输入完毕后，使用键盘输入"MCALL"结束模态循环，如图 4-94 所示。

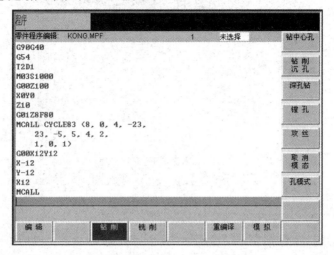

图 4-94　孔完整程序

⑥完成程序结尾，如图 4-95 所示。

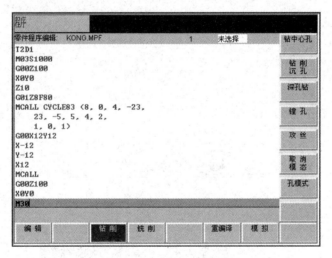

图 4-95　孔加工程序结束

（4）CYCLE84（RTP，RFP，SDIS，DP，DPR，DTB，SDAC，MPIT，PIT，POSS，SST，SST1）。

刀具以编程的主轴速度和进给率进行钻削，直至到达定义的最终螺纹深度。

RTP：返回平面（即起始平面，绝对坐标值）。

RFP：参考平面（绝对坐标值）。

SDIS：安全间隙（无符号输入）。

DP：最后钻孔深度（绝对坐标值）。

DPR：相对于参考平面的最后钻孔深度（无符号输入）。

DTB：螺纹深度处的停顿时间（断屑，单位为 s）。

SDAC：循环结束后的旋转方向值——3、4 或 5（用于 M3、M4 或 M5）。

MPIT：螺距由螺纹尺寸决定（有符号），正值用于 M03，负值用于 M04，数值范围为 3（用于 M3）～ 48（用于 M48）mm；符号决定了在螺纹中的旋转方向。

PIT：螺距由数值决定（有符号），正值用于 M03，负值用于 M04，数值范围为 0.001 ～ 2000.000mm；符号决定了在螺纹中的旋转方向。

POSS：循环中定位主轴的位置，以度（°）为单位。

SST：攻丝速度。

SST1：退回速度。

CYCLE84 指令的循环动作顺序如下（见图 4-96）。

①使用 G00 指令移动到安全间隙所在的参考平面。

②定位主轴停止（值在参数 POSS 中），将主轴转换为进给轴模式。

③攻丝至最终钻孔深度，速度为 SST。

④按在螺纹深度处的停顿时间停顿（参数 DTB）。

⑤退回安全间隙前的参考平面，速度为 SST1 且方向相反。

⑥使用 G00 指令回到返回平面；通过在循环调用前对有效的主轴速度及 SDAC 下的旋转方向重新编程，来改变主轴模式。

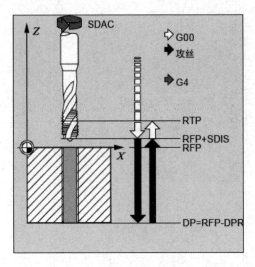

图 4-96　CYCLE84 循环动作示意图

①只有在技术上可以进行位置控制的主轴，才能使用 CYCLE84 攻丝。
②循环中攻丝的旋转方向始终自动颠倒。

（5）CYCLE85（RTP，RFP，SDIS，DP，DPR，DTB，FFR，RFF）。

刀具按编程的主轴速度和参数定义的进给率镗、铰孔，直至到达定义的最后深度。

RTP：返回平面（即起始平面，绝对坐标值）。

RFP：参考平面（绝对坐标值）。

SDIS：安全间隙（无符号输入）。

DP：最后钻孔深度（绝对坐标值）。

DPR：相对于参考平面的最后钻孔深度（无符号输入）。

DTB：最后到达镗、铰孔深度处的停顿时间（单位为 s）。

FFR：进给率。

RFF：退回进给率。

CYCLE85 指令的循环动作顺序如下（见图 4-97）。

①使用 G00 指令移到安全间隙所在的参考平面。

②使用 G01 指令并且按参数 FFR 所编程的进给率镗、铰孔，直至到达定义的最终钻孔深度。

③到达镗、铰孔深度时的停顿时间。

④使用 G01 指令返回安全间隙所在的参考平面，进给率是指参数 RFF 中的编程值。

⑤使用 G00 指令回到返回平面。

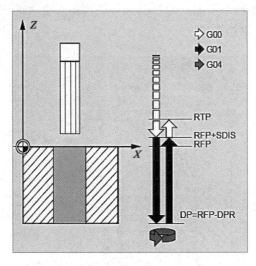

图 4-97　CYCLE85 循环动作示意图

（6）CYCLE86（RTP，RFP，SDIS，DP，DPR，DTB，SDIR，RPA，RPO，RPAP，POSS）。

CYCLE86 循环可以用镗杆来进行镗孔。

刀具按照编程的主轴速度和进给率进行镗孔，直至到达定义的最后镗孔深度。一旦到达镗孔深度，便激活了定位主轴停止功能，然后主轴从返回平面快速回到编程的返回位置。

RTP：返回平面（即起始平面，绝对坐标值）。

RFP：参考平面（绝对坐标值）。

SDIS：安全间隙（无符号输入）。

DP：最后钻孔深度（绝对坐标值）。

DPR：相对于参考平面的最后钻孔深度（无符号输入）。

DTB：最后到达镗、铰孔深度处的停顿时间（单位为 s）。

SDIR：旋转方向值，3 用于 M3，4 用于 M4。

RPA：平面中第一轴（横坐标，即图中 X 轴向）上的返回路径（增量，带符号输入）。

RPO：平面中第二轴（纵坐标，即图中 Z 轴向）上的返回路径（增量，带符号输入）。

RPAP：镗孔轴上的返回路径（即沿原路返回，增量，带符号输入）。

POSS：循环中定位主轴停止的位置，以度（°）为单位。

CYCLE86 指令的循环动作顺序如下（见图 4-98）。

①使用 G00 指令移到安全间隙所在的参考平面。

②使用 G01 指令并按所编程的进给率移动到最终镗孔深度处。

③按在最后镗孔深度处的停顿时间停顿。

④主轴定向停止在 POSS 参数定义的编程位置。

⑤使用 G00 指令在 3 个轴方向上返回。

⑥使用 G00 指令在镗孔轴方向返回安全间隙前的参考平面。

⑦使用 G00 指令回到返回平面（平面两个轴方向上的初始钻孔位置）。

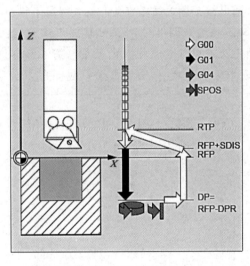

图 4-98　CYCLE86 循环动作示意图

（7）HOLES1（SPCA，SPCO，STA1，FDIS，DBH，NUM）。

HOLES1 循环可以用来铣削一排孔，即沿直线分布的一些孔或网格孔（见图 4-99）。孔的类型由已被调用的钻孔循环决定。

SPCA：直线上定义为起始参考点，该点在平面的第一坐标轴的坐标数值（横坐标，绝对坐标值）。

SPCO：起始参考点在平面的第二坐标轴的坐标数值（纵坐标，绝对坐标值）。

STA1：与平面第一坐标轴（横坐标）的角度，范围为 $-180° < STA1 \leqslant 180°$。

FDIS：第一个孔到参考点的距离（无符号输入）。

DBH：孔间距（无符号输入）。

NUM：孔的数量。

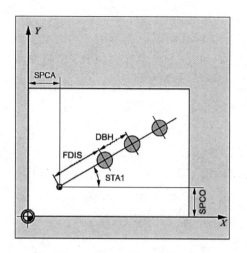

图 4-99　HOLES1 循环动作示意图

 提示　　①若在调用钻孔样式循环前没有模式调用子程序（即将孔样式循环作为子程序，并用模态状态来调用它），则出现错误信息 62100"无有效的钻孔循环"。

②必须定义在钻孔样式中孔的数量。若在循环调用时的数量参数值为零（或参数列表中无此参数），则发出报警 61103"孔的数量是零"，并终止循环。

（8）HOLES2（CPA，CPO，RAD，STA1，INDA，NUM）。

使用 HOLES2 循环可以加工圆周孔（见图 4-100）。

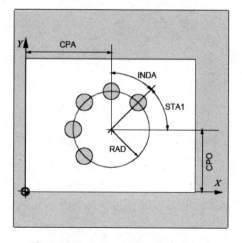

图 4-100　HOLES2 循环动作示意图

CPA：圆周孔的中心点（绝对坐标值），平面的第一坐标轴。

CPO：圆周孔的中心点（绝对坐标值），平面的第二坐标轴。

RAD：圆周孔的半径（无符号输入）。

STA1：起始角，范围为 −180°＜STA1≤180°。

INDA：增量角。

NUM：孔的数量。

 在 CYCLE83 的钻孔示例中，除用直接移动坐标的方法加工所有的孔外，还可结合 HOLES2 的方法进行编程。

操作及编程如下。

①按照 CYCLE83 循环编程的操作方法在编写完孔的各项参数数值后，按"确认"软件按钮返回图 4-101 所示的画面，再按"孔模式"软件按钮进入孔样式选择界面。

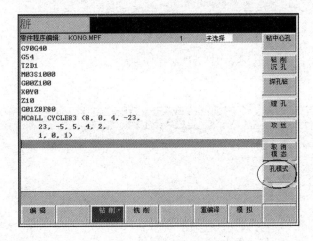

图 4-101 "孔模式"软件按钮

②按"孔圆形排列"软件按钮，如图 4-102 所示，进入参数设置界面。

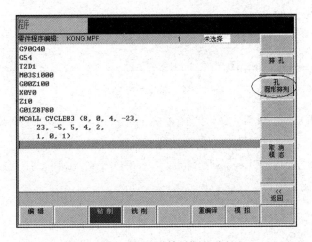

图 4-102 "孔圆形排列"软件按钮

③在界面中输入符合要求的孔参数数值，如图 4-103 所示。

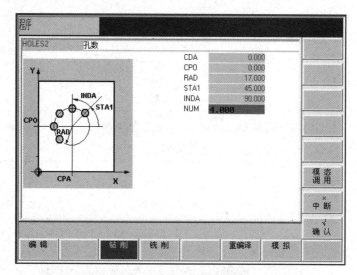

图 4-103　输入孔参数数值

④按"确认"软件按钮退出界面后进入程序画面，孔样式程序被自动输入，如图 4-104 所示。

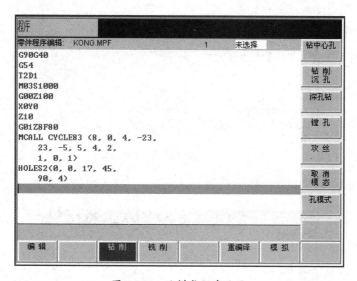

图 4-104　孔样式程序画面

⑤使用键盘输入"MCALL"使模态循环结束，并输入程序结尾，如图 4-105 所示。

提示　　HOLES1 的程序编写格式与 HOLES2 相同，HOLES1 的举例可参见 HOLES2。

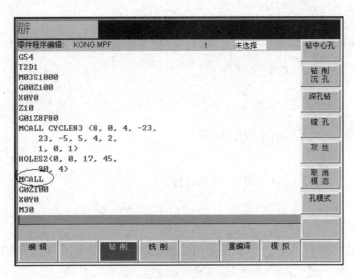

图 4-105　程序结尾画面

4. 子程序

SIEMENS 系统子程序的应用场合与 FANUC 系统一样，都用于某一确定的轮廓形状需重复进行的加工，SIEMENS 系统主程序和子程序之间并没有区别。子程序的结构与主程序的结构一样，在子程序的最后一个程序段中使用 M02 结束子程序运行。子程序结束后返回主程序。

此外，除使用 M02 指令外，还可以使用 RET 指令结束子程序。RET 要求占用一个独立的程序段。在使用 RET 指令结束子程序、返回主程序时，不会中断 G64 连续路径运行方式，使用 M02 指令则会中断 G64 运行方式。

（1）子程序程序名。

为了方便选择某一个子程序，必须给子程序命名。程序名可以自由选取，但必须符合以下规定：

①前两个符号必须是字母；

②其他符号为字母、数字或下画线；

③最多 16 个字符；

④没有分隔符，其方法与主程序中程序名的选取方法一样。

FRAME7

另外，在子程序中还可以使用地址字 L__，其后的值可以有 7 位（只能为整数）。

L128 并不等于 L0128 或 L00128。

以上表示 2 个不同的子程序。注意，地址字 L 之后的每个零均有意义，不可省略。

（2）子程序调用。

在一个程序中（主程序或子程序）可以直接用程序名调用子程序。子程序调用要求占用一个独立的程序段。

举例：

…

L785　　　　　　　　（调用子程序 L785）

…

LFRAME7　　　　　　（调用子程序 LFRAME7）

…

（3）程序重复调用次数。

若要求多次连续地执行某一个子程序，则编程时必须在所调用子程序的程序名后加上地址 P，P 为调用次数，最大次数为 9999（P1，P9999）。

例如，

…

L785 P3　　　　　　　（调用子程序 L785，运行 3 次）

…

（4）嵌套深度。

SIEMENS 系统子程序不仅可以从主程序中调用，也可以从其他子程序中调用，这个过程称为子程序的嵌套。子程序的嵌套深度最多为 8 层（见图 4-106），即四级程序界面（包括主程序界面）。

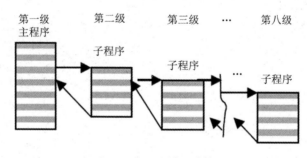

图 4-106　子程序的嵌套

4.2.3　辅助功能 M 代码

SIEMENS 系统常用的辅助功能 M 代码如表 4-3 所示。

表 4-3　SIEMENS 系统常用的辅助功能 M 代码

代码	意义	格式	备注
M00	程序停止	M00	使用 M00 停止程序的执行，按"启动"按钮加工继续执行
M01	程序有条件停止	M01	与 M00 一样，但仅在出现专门信号后才生效

代码	意义	格式	备注
M02	程序结束	M02	在程序的最后一段被写入
M03	主轴顺时针旋转	M03	
M04	主轴逆时针旋转	M04	
M05	主轴停止	M05	
M06	更换刀具	M06	在机床数据有效时使用 M06 更换刀具，其他情况下用 T 指令
M30	程序结束	M30	在程序的最后一段被写入

第 5 章

数控铣床（加工中心）
加工练习题

加工练习题 1

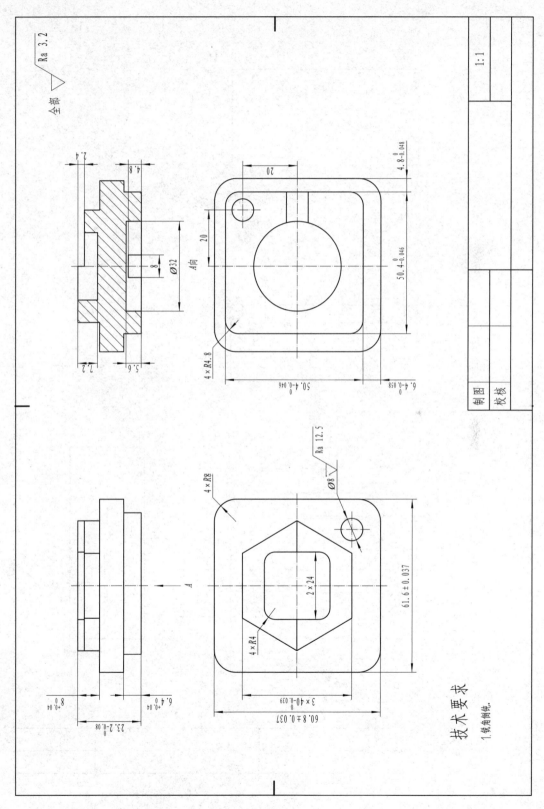

技术要求

1. 锐角倒钝。

加工练习题 2

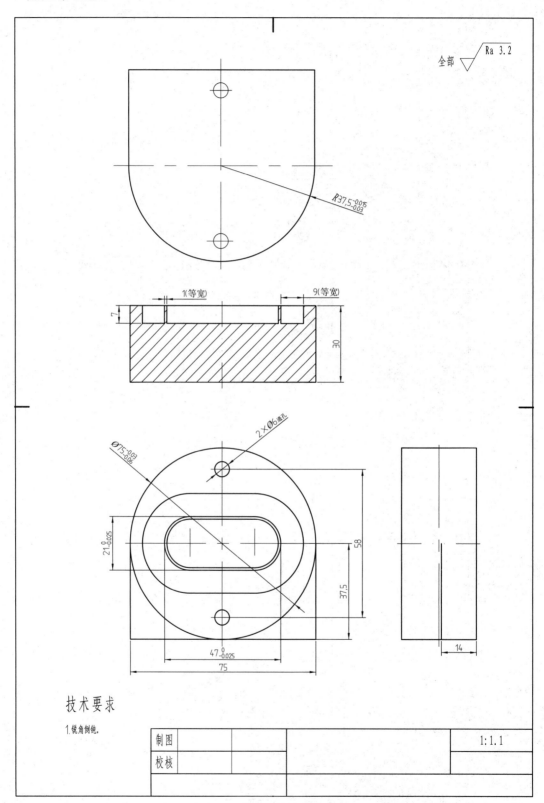

全部 ▽Ra 3.2

R37.5$^{-0.015}_{-0.03}$

1(等宽)　　9(等宽)

7

30

Ø75$^{-0.03}_{-0.06}$

2×Ø6通孔

21$^{0}_{-0.025}$

58

37.5

47$^{0}_{-0.025}$

75

14

技术要求

1.锐角倒钝.

制图				1:1.1
校核				

加工练习题 3

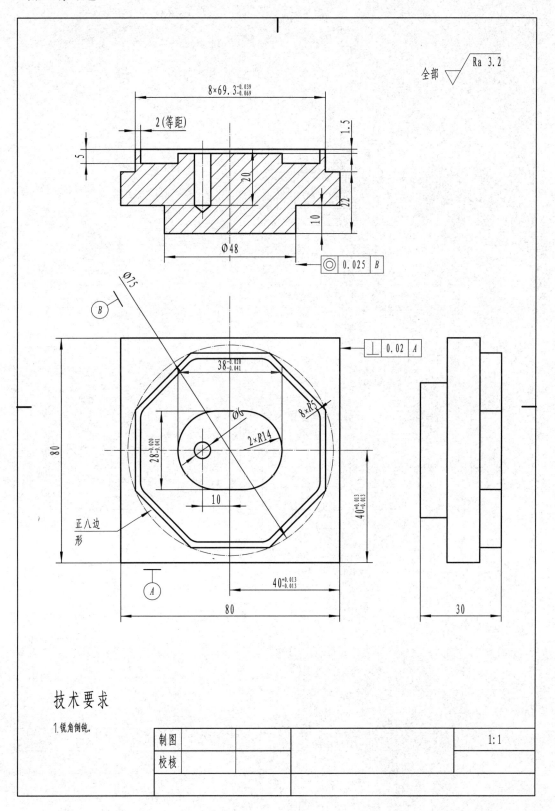

技术要求

1. 锐角倒钝。

制图				1:1
校核				

加工练习题 4

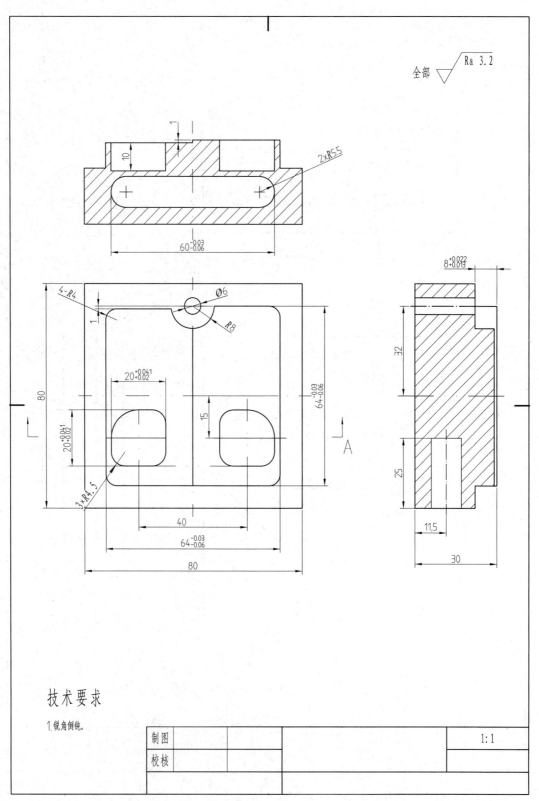

技 术 要 求

1. 锐角倒钝。

制图			1:1
校核			

加工练习题 5

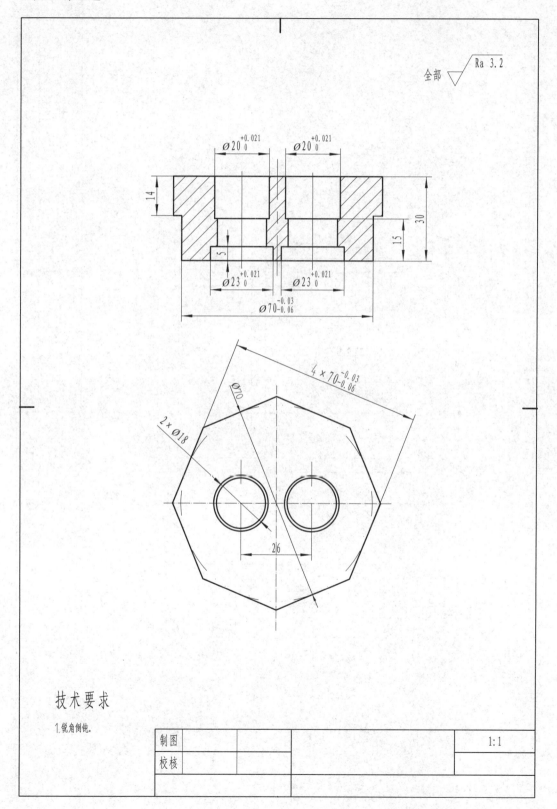

全部 ▽ Ra 3.2

技术要求

1. 锐角倒钝.

制图			1:1
校核			

加工练习题 6

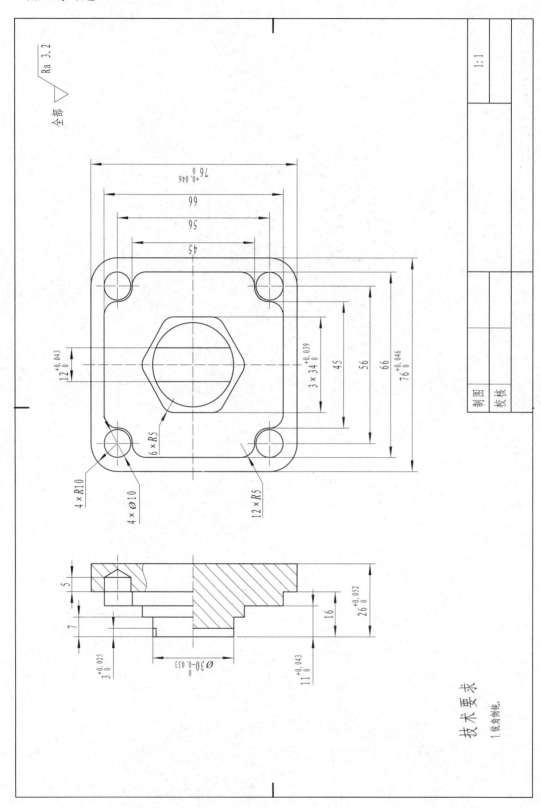

技术要求

1.锐角倒钝。

加工练习题 7

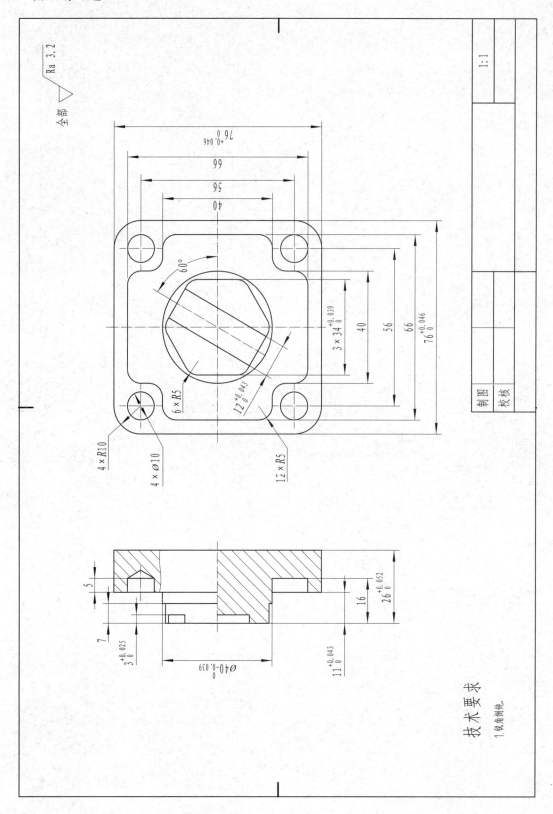

加工练习题 8

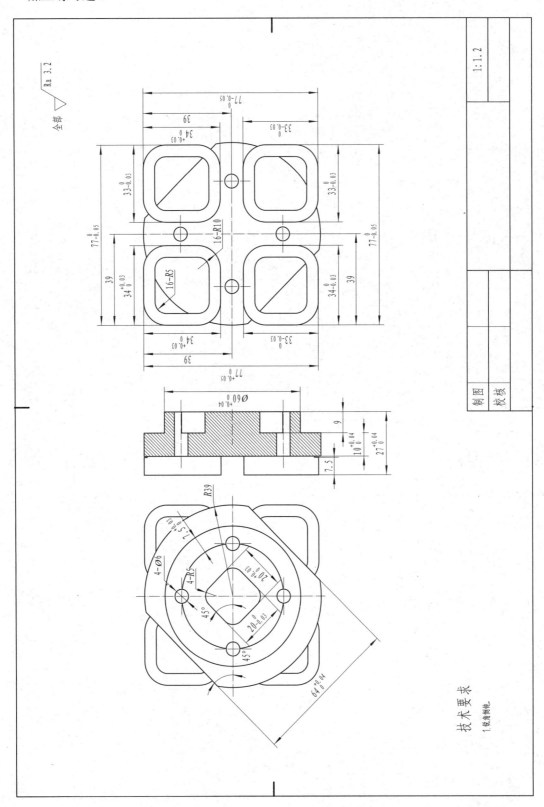

技术要求

1.锐角倒钝。

附录 A 不同数控机床的控制面板

不同数控机床生产商生产的数控机床具有不同样式的机床控制面板。下面仅列出部分生产商的机床控制面板图样。

1. 数控车床的控制面板图样

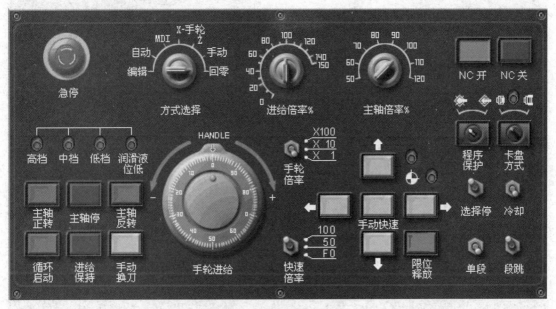

宝鸡机床厂 CK50 数控车床面板

云南机床厂 CK50 数控车床面板

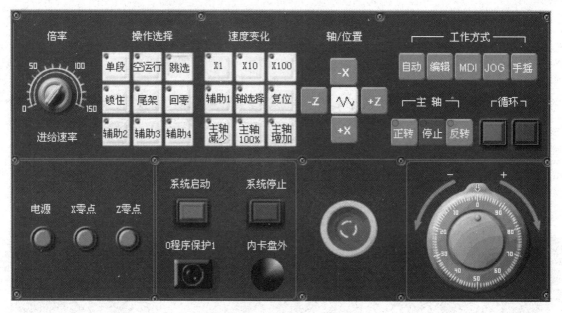

大连机床厂 CK36 数控车床面板

大连机床厂 CK40 数控车床面板

沈阳机床厂 CK40 数控车床面板

南京机床厂 CK40 数控车床面板

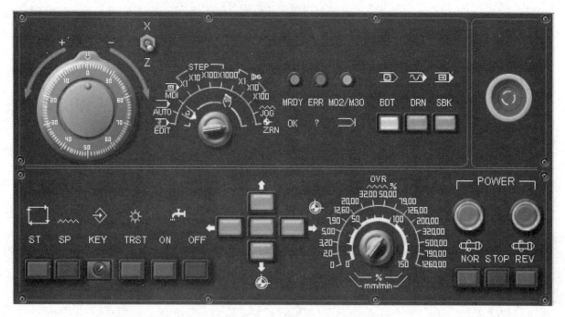

云南机床厂 CK40 车床面板

南京第二机床厂 CK40 数控车床面板

南通机床厂 CK36 数控车床面板

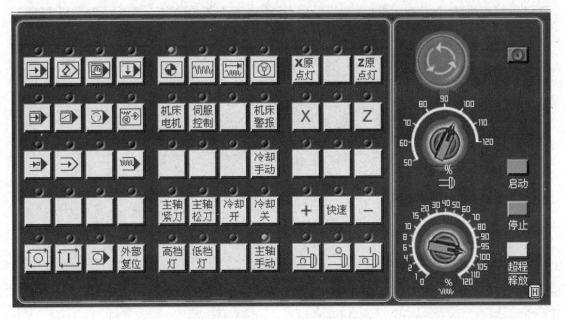

北京第一机床厂 CK40 数控车床面板

2. 数控铣床（加工中心）的控制面板图样

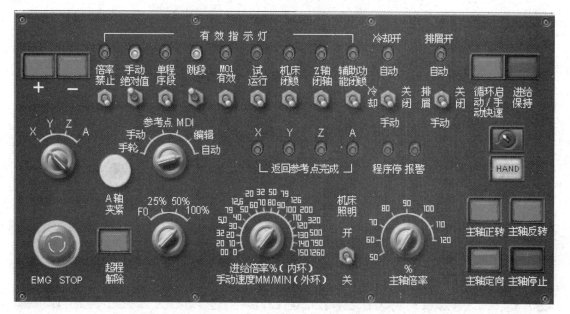

大和立式加工中心面板

JOHNFORD 立式加工中心面板

南通机床厂数控铣床面板

南通机床厂 XH713A 立式加工中心面板

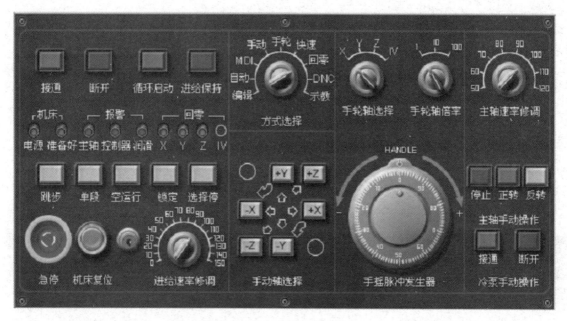

TONMAC 立式加工中心面板

LEADWELL 立式加工中心面板

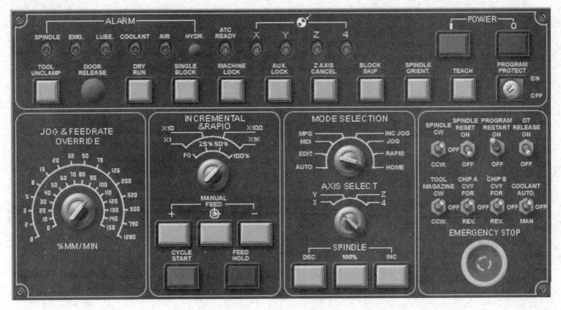

LEADWELL V20 立式加工中心操作面板

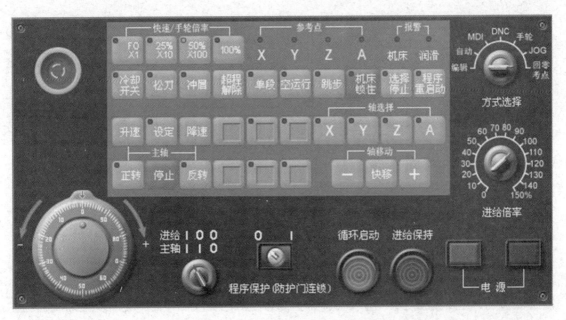

济南第一机床厂 J1VMC40M 数控铣床面板

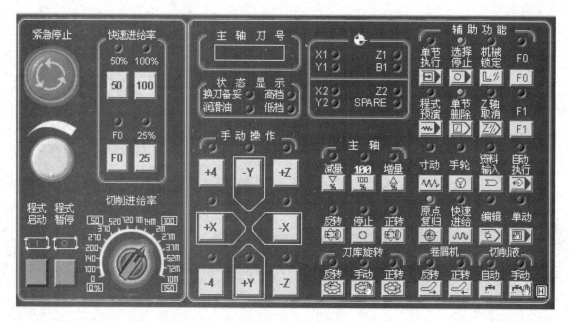

友佳立式加工中心面板

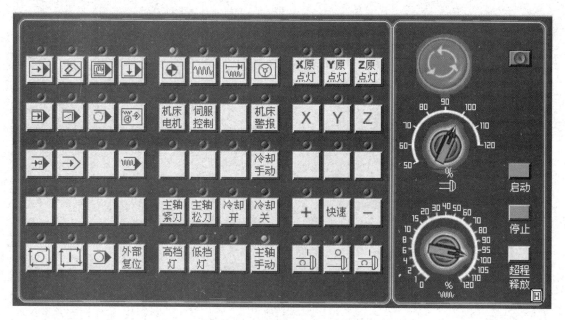

北京第一机床厂立式加工中心面板

参考文献

[1] 罗友兰，周虹．FANUC 0i 系统数控编程与操作．北京：化学工业出版社，2004.

[2] 李晓辉，昝华．精通 SINUMERIK-802D 数控铣削编程．北京：机械工业出版社，2008.

[3] 陈吉红，杨克冲．数控机床实验指南．武汉：华中科技大学出版社，2003.

[4] FANUC 0i 系统操作说明书．北京发那科机电有限公司．

[5] SINUMERIK-802D 操作编程手册．西门子股份有限公司．